개정3판

Food & Beverage Cost Control

식음료원가관리론

김동수·송기옥·왕철주 공저

백산출판사

머리말

오늘날의 세계시장은 너무나 빠르게 변하고 있다. 최근 국내기업은 시장경쟁력을 확보하기 위해 내부구조의 혁신적 변화를 추구함에도 불구하고 어려운 현실은 지속되고 있다. 이러한 상황에서 외식산업은 급변하는 변화에 대처하고 끊임없는 자기계발을 해야 하는 시점이다. 외식시장의 확대는 소비자의 욕구충족이라는 측면에서 맥을 같이하고 있지만 그 경쟁은 하루가 다르게 치열해지고 있다. 그런데 외식산업 분야는 제조업 분야와는 달리 경쟁력 강화 연구가 매우 열악하고 취약한 상태이다.

외식업 경영 시 내·외부 환경에 따라 매출확대에 따른 수익증대가 있어야 함에도 불구하고 고비용 발생 때문에 이익이 감소하는 경향이 있다. 그러므로 이익감소 원인을 찾아서 슬기롭게 대처 및 보완·개선하여 효율적인 경영을 해야 한다고 생각할 때 원가관리는 매우 중요한 요소라고 할 수 있다.

필자가 그동안의 교육을 통해서 느낀 점은 외식조리를 전공하는 학생들이 식음원가 과목을 어렵게 인식하고 있다는 것이다. 그러나 외식업을 운영하기 위해서는 원가에 대해 어렵다고 생각하지 말고, 일상생활에 필요한 과제를 던져주는 과목임을 인식하기 바란다. 조직이나 기업, 국가에 대한 투명성이 어느 때보다도 중요시되고 있는 이때에, 성실하고 진실하게 이 과목에 전심전력할 필요가 있을 것으로 본다. 원가관리를 공부하면서 잊지 말아야 할 것은 계산능력이 있어야 하며, 설명 예측력을 발휘해야 한다는 것이다.

그동안 현장경험에서 원가를 부분적으로 중요하게 인식하고 있었으나, 종합적으로 어떻게 활용하는가에 대해서는 항상 궁금하게 생각해 왔다. 그러므로 이 책을 통해서 터득할 수 있도록 쉽게 이해할 수 있는 원리와 분석법 및 다양한 문제와 사례를 중심으로 명기하였다.

외식·조리 관련 학생들이 공부하는 데 필요한 학문임에도 불구하고 내용이 너무 세분화되어 있었기에 시간적 한계가 있음을 상기하면서 통합적(원가·구매)으로 책을 집필하게 되었다. 이 분야를 연구하는 모든 분들에게 아주 유용하게 활용될 수 있을 것이다.

아무쪼록 이 책이 외식·조리를 전공하는 학생들과 외식업에 관심을 가지신 모든 분들의 여망에 부응할 수 있기를 바라면서, 미흡한 점은 차후 보완될 수 있도록 많은 조언과 격려를 부탁드린다.

끝으로, 본서가 만들어지기까지 많은 어려움이 있었지만 출간될 수 있도록 물심양면으로 도움을 주신 여러분과 특히 백산출판사의 진욱상 사장님을 비롯한 편집부 관계자 여러분께 진심으로 깊은 감사를 드린다.

대관령고개를 바라보면서…
저자 씀

차례

제5장　수요관리 / 111

제6장　발주·검수관리 / 131

제7장 저장, 입·출고관리 / 151

제8장 재고관리 / 165

제 1 장

원가의 개념과 분류

제1장 원가의 개념과 분류

제1절 원가의 일반적 개념

1. 원가의 의의

원가(cost)란 제품의 제조, 용역의 생산 및 판매를 위하여 소비된 유형 및 무형의 경제적 가치가 있는 재화의 소비액을 말한다. 즉 경영목적을 달성하기 위한 경제적 가치의 희생(foregoing) 또는 포기를 의미한다. 다시 말하면 일상생활 속에서 식재료, 주방기구, 전자제품 등의 많은 물건들을 구입하는데 이러한 물건들을 획득하기 위해서는 어떤 희생을 치러야 한다. 이와 같이 특정재화나 용역을 얻기 위해서 치른 희생을 원가라 한다. 원가란 특정 목적을 달성하기 위해 희생된 자원의 가치, 즉 경제적 효익의 희생을 화폐단위로 측정하는 것을 말한다.

미국회계학회의 원가개념 및 기준에 관한 위원회(Committee on Cost and Concepts and Standards)는 "원가란 특정목적을 달성하기 위하여 이미 발생하였거나 또는 발생가능성이 있는 경제적 자원의 희생을 화폐가치로 측정한 것"이라고 정의하였다.

이 정의는 과거 실적의 수치로 계산된 실제원가(actual cost)뿐만 아니라 미래의 예측수치로서 계산된 원가(목표원가, 표준원가)인 미래원가(future cost)도 포함하는 광범위한 개념이다.

원가관리의 정의는 "기업이익 관리의 일환으로서, 기업의 안정적 발전에 필요한 원가 달성목표를 결정하고 목표달성을 위한 추진계획 수립 및 점검을 통해 지속적인 원가절감 및 개선을 하는 일체의 관리활동"이다.

또한 원가란 제품이나 서비스를 생산하기 위해 희생된 경제적 가치이며, 자산이란 과거의 거래나 사건의 결과로 획득된 경제적 효익, 즉 서비스잠재력이 있는 것이라고 정의된다. 여기서 서비스잠재력이란 미래의 현금유입을 유발하는 현금창출능력을 말한다.

기업에 있어서 원가의 첫 번째 특징은 어떤 목적을 얻기 위한 경제적 자원의 희생인 것이다. 말하자면, 일정한 급부와 관련하여 소비된 경제가치라야 원가가 된다. 급부는 기업이 생산하는 재화나 서비스로서 완성품, 제공품, 보조부분이 창출하는 서비스 등을 말한다.

기업에 있어서 두 번째 특징은 당해 기업이 소유하거나 통제하에 있는 경제적 자원이 희생될 때 측정된다고 하는 것이다. 경제적 자원(economic resources)이란 효익을 지니고 있으며 그것을 획득하기 위하여 다른 자원을 희생할 필요가 있는 자원을 말한다.

기업은 상품을 판매하는 과정에서 얻은 이윤으로 기업활동을 하는데 원가의 효율적 관리는 기업이윤과 밀접한 관계를 갖는 만큼 매우 중요하다.

예를 들어 판매가에 비해 원가가 너무 높을 경우 목표이익의 감소를 초래, 경영수지에 압박을 주며, 반대로 너무 낮을 경우에는 단기적으로 목표이익이 증가하겠으나 상품의 질적 저하로 고객이 감소한다면 매출이 적어져 결과적으로 이익도 감소될 것이다.

외식업에서는 표준원가율에 따라서 식자재의 양, 질, 가격을 사전에 계획하여 판매가에 합당한 상품을 생산할 수 있도록 원가를 적정선으로 유지하여야 하므로 표준량 목표를 이용하고 있다. 판매가란 원가에 기업이윤을 더한 가격으로 그 산출방식은 원가 곱하기 약 2.5~3배이나 산출방식은 그 영업장의 위치, 형태, 특성에 따라 약간의 차이가 있다.

우리나라 한국공인회계사(KICPA)의 원가계산기준에 의하면 "원가라 함은 경영에 있어서 일정한 급부에 관련하여 파악된 재화 또는 용역의 소비를 화폐가치로 표시한 것이며, "원가는 경영목적 이외에 경제가치의 소비나 감소를 포함하지 아니한다"라고 규정하고 있다. 원가의 개념을 정리해 보면 "원가란 특정한 목적을 달성하기 위하여 희생된 또는 희생될 경제적 자원을 화폐단위로 표시한 것"이라고 말할 수 있다.

원가의 개념을 다음과 같이 요약할 수 있다.

원가는 특정목적을 달성하기 위한 경제적 자원의 희생을 말한다.

① 원가는 특정 경영목적과 관련된 희생만을 의미
  → 경영목적과 관련 없는 희생은 원가가 아님(비 원가항목)
② 원가는 특정목적을 위한 수단으로 과거에 희생된 가치뿐만 아니라 미래에 희생될 것도 포함
  → 제품원가 계산목적뿐만 아니라 경영활동을 계획하고 통제하기 위한 목적의 원가개념도 포함
  → 재화 및 용역을 얻거나 이를 기업 고유의 생산물로 전환시키는 과정에서 희생된 경제적 자원은 모두 포함
③ 원가의 측정은 거의 대부분 화폐단위로 이루어진다.
  즉 원가의 본질은 경제적 자원의 희생이며, 희생된 경제적 효익의 가치는 화폐단위로 측정된다.

자료: 신성식, 원가관리회계, 한올출판사, 2003, p. 26.

[원가의 자산, 비용 및 손실관계]

제2절 원가의 분류

원가의 개념은 매우 다양하게 사용된다. 원가에는 수많은 유형이 있으며 이들 원가는 경영자의 관리목적에 따라 상이하게 분류할 수 있기 때문이다. 따라서 관리회계에서는 '상이한 목적에 따라 상이한 원가(different costs for different purpose)'를 적용하는 기본적인 사고를 하고 있다. 따라서 원가의 범위는 식품 및 급식 등의 제조업체, 호텔 및 외식 등의 서비스업체, 그리고 유통업체에 따라 다르게 나타날 수 있다. 또한 동일산업 내의 업체나 업체 내의 영업장에 따라 차이가 있을 수 있으나 기본적인 원가개념은 동일하다.

[원가의 분류학적 범위]

분 류	내 용
발생형태에 따른 분류	재료비, 노무비, 경비
추적가능성에 따른 분류	직접원가, 간접원가
원가형태에 따른 분류	순수변동비, 준변동비, 순수고정비, 준고정비
매출액과의 대응에 따른 분류	제품원가, 기간원가
제품제조의 전후에 따른 분류	실제원가, 예정원가, 표준원가
파악하는 시점에 따른 분류	역사적 원가, 예정원가, 사전원가, 사후원가
경영기능상에 따른 분류	제조원가, 비제조원가, 판매원가, 관리원가
관리가능성 여부에 따른 분류	관리가능비, 관리불능비
의사결정과의 관련성에 따른 분류	관련원가, 비관련원가, 매몰원가

1. 발생형태에 따른 분류

원가는 발생형태에 따라 재료비, 노무비, 경비로 분류되며, 이 3가지 요소를 원가의 3요소라고 한다.

1) 재료비

재료비(material cost)는 제품의 제조에 소요되는 재료의 소비액을 말한다. 재료비는 주요 재료비, 보조 재료비, 부품비, 소모공구기구 비품비, 주방 소모품비, 홀 소모품비 등이 있다. 재료비는 그 추적가능성에 따라 직접재료비와 간접재료비로 분류한다.

2) 노무비

노무비(labor cost)는 제품을 제조하는 데 직·간접으로 종사한 종업원에 대하여 소비된 가치, 즉 노동력의 소비에 대하여 발생한 원가를 말한다. 노무비의 내용으로 임금, 급료, 잡급, 종업원 상여, 수당 등이 있다.

3) 경비

경비(overhard cost)는 제품의 제조에 소비된 가치로서 재료비, 노무비 이외에 원가의 요소를 말한다. 경비의 원가요소에는 감가상각비, 전력비, 운임, 수선료, 보험료, 가스비 등이 있다.

2. 추적가능성에 따른 분류

원가의 발생이 제품생산에 소비된 것을 직접적으로 파악할 수 있느냐 없느냐에 따라 분류한다. 추적할 수 있으면 직접원가이며, 추적할 수 없으면 간접원가로 분류한다.

1) 직접원가

직접비(direct cost)는 제품제조에 있어서 직접 소비된 경제적 가치를 말한다. 직접재료비, 직접노무비, 직접경비로 분류한다.

직접재료비(주요 재료), 직접노무비(직접임금), 직접경비는 직접 파악할 수 있기 때문에 제품에 바로 부담시킬 수 있는 원가이다. 직접비를 제품에 부담시키는 절차를 부과(賦課)한다고 말한다.

직접원가는 실질적으로 또는 경제적으로 특정제품 또는 특정부문에 직접관련시킬 수 있는 원가이다. 예를 들어 자동차제조회사에서 엔진원가는 완성된 승용차별로 추적할 수 있으므로 승용차에 대한 직접원가가 된다.

특정원가 대상에 대하여 발생한 원가의 물량추적이 가능한 것으로 인과관계가 상대적으로 분명하게 인지될 수 있는 원가이다.

2) 간접원가

간접비(indirect cost)는 소비된 경제가치 중 특정제품과 직접 관련시킬 수 없는 비용을 말하는데, 간접재료비, 간접노무비, 간접경비로 분류된다. 간접비는 적당한 기준에 의해서 각 제품에 부과된다. 예를 들어 소모품원가, 전력비, 기계수선비, 보험료 등은 비록 제품을 생산하는 데 필요한 원가이지만, 이들 원가의 발생액을 특정제품에서 실질적으로 추적할 수 없으므로 간접원가로 분류한다. 제품별 원가계산을 하기 위해서는 일정한 기준에 따라 각 제품에 할당하지 않으면 안된다. 이때 할당하는 것을 간접비의 배부(配賦)라고 한다. 또한 물량추적이 어렵고 개별적이며 구체적인 인과관계의 식별이 불가능한 원가이다.

[직접원가와 간접원가의 분류]

직접원가	직접재료비	주요 재료비, 매입부품비
	직접노무비	직접임금, 급여
	직접경비	외주가공비
간접원가	간접재료비	보조재료비, 공장, 소모품비
	간접노무비	간접작업금, 휴업임금, 상여금, 퇴직금, 급여
	간접경비	감가상각비, 보험료, 수선비, 전력비, 가스비, 수도광열비, 임대료, 운반비, 복리후생비, 잡비

3. 원가형태에 따른 분류

원가형태는 조업도의 변화에 따른 원가발생액의 변동상태를 말한다. 일반적으로 이용되는 기본적인 원가형태는 변동비(순수변동비, 준변동비)와 고정비(순수고정비, 준고정비) 등으로 구분된다.

변동비는 조업도(생산량, 판매량, 작업시간) 등에 띠라 변동되는 원가이며 재료비, 외주가공비 등이 있다. 고정비는 조업도(생산량, 판매량, 작업시간)와 관계없이 일정하게 발생하는 비용으로 건물, 기계설비의 감가상각비, 임대료, 보험료 등이다.

1) 순수변동비

순수변동비는 조업도의 변동에 따라 직접적으로 변동하는 원가로서 조업이 중단되었을 경우에는 전혀 발생하지 않는 원가를 말한다. 제품의 생산량이나 판매량 등의 조업도의 변동에 따라서 비례적으로 증감하는 재료비와 노무비 등의 비용이며, 이는 비례적 성격을 갖는다. 변동비는 발생액이 생산량과 같은 비율로 증감되기 때문에 제품단위당 변동비 부담액은 일정하다.

변동원가는 조업도수준이 증가 · 감소함에 따라 원가총액이 증가 · 감소하는 원가이며 단위당 변동원가는 조업도에 관계없이 일정하다.

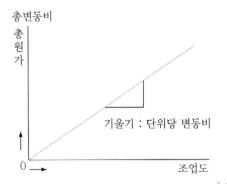
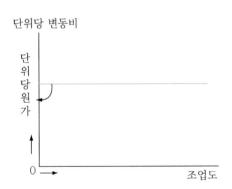

[순수변동비]

예를 들어 잡지사의 직접재료(종이), 직접노무원가 및 잡지발송요금 등의 원가 항목들은 잡지의 발행부수(조업도)에 따라 비례하여 발생하고, 잡지의 발행이 없을 경우(조업이 중단된 경우)에는 전혀 발생하지 않기 때문에 순수변동원가이다.

2) 준변동비

준변동비는 조업도와 관계없이 발생하는 일정액의 고정비와 조업도의 변화에 따라 단위당 일정비율로 증가하는 변동비 등의 부분으로 구성된 원가이며, 이를 혼합원가라고도 한다. 따라서 준변동비는 기업에서 제품을 전혀 생산하지 않는다 하더라도 미래에 대비하여 최소한의 생산능력을 유지하기 위해서는 일정수준의 조업도가 0(zero)일 때에도 고정비부분만큼의 원가가 발생하며, 조업도가 증가함에 따라 비례적으로 증가한다. 이에는 보조재료비, 연료비, 전력비, 수도광열비, 수선비 등이 있다.

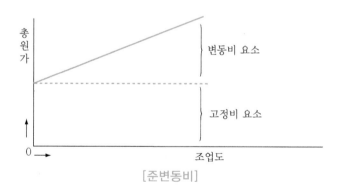

[준변동비]

3) 순수고정비

순수고정비는 조업도와 관계없이 일정하게 발생하는 원가이다. 즉 가격변화와 같은 외부요인의 변동이 없는 한, 조업도가 증가하거나 감소하여도 이에 영향을 받지 않고 총액이 항상 일정하게 발생하는 원가를 의미한다. 따라서 조업도가 증가하면 단위당 순수고정비는 점차 감소하게 되고, 조업도가 감소하면 단위당 순수고정비는 점차 증가하게 된다. 조업도와 관계없이 고정적으로 발생하는 임대료, 감가상각비, 종업원에게 지급하는 고정급(固定給) 등의 비용이 이에 속한다.

순수고정원가의 예로는 공장건물의 임차료나 정액법에 의한 감가상각비 등을 들 수 있는데, 이러한 순수고정원가를 설비원가라고도 한다. 순수고정원가는 기업이 현재의 조업도수준을 유지하기 위해 반드시 필요한 원가이다.

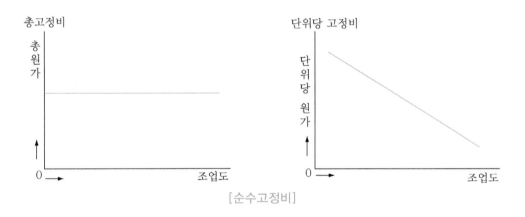

[순수고정비]

4) 준고정비

준고정비는 특정범위의 조업도에서는 일정한 금액이 발생하지만, 조업도가 이 범위를 벗어나면 일정액만큼 증가 또는 감소하는 원가를 말한다. 투입요소의 불가분성 때문에 준고정비는 계단형의 원가형태를 갖는다. 원가를 발생시키는 항목을 필요한 양만큼만 정확하게 구입할 수 없기 때문에, 이러한 원가형태를 가진 원가가 발생하게 된다.

예를 들어 한 사람의 생산감독자는 일정한 수의 종업원을 관리할 수 있는데, 이보다 많은 종업원을 관리하려면 감독자를 추가로 고용하여야 한다. 만약 이때 감독자를 0.3명, 0.8명과 같이 분할하여 고용할 수 있다면 감독자에게 지급하는 급여는 종업원 수에 비례하여 연속적인 함수로 나타낼 수 있으며, 이때의 원가는 변동원가라고 할 수 있지만 실제로 불가능하기 때문에 계단형의 원가형태를 갖는다. 즉 원가를 발생시키는 항목을 필요한 양만큼만 구입할 수 없기 때문에 계단형의 원가형태를 가진 준고정원가가 발생한다.

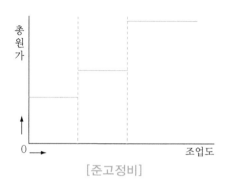

[준고정비]

4. 매출액과의 대응에 따른 분류

1) 제품원가

제품원가는 일정한 제품에 집계된 재고화 가능한 원가이다. 여기에는 원재료, 생산직 근로자의 임금, 공장의 감가상각비, 임원의 급료, 수선유지비, 수도광열비, 전력비 등이 있다. 따라서 판매비와 관리비는 제품원가에 포함되지 않는다.

2) 기간원가

기간원가는 일정기간의 수익에 대응하여 발생하는 것으로 흔히 자산화, 재고화될 수 없는 비용이며 제품생산과 직접적인 관련이 없고 미래이익 실현과의 관계가 불확실하며 자산으로 계산하지 않고 당기비용으로 처리하는 원가이다. 여기에는 사장 및 본사 임원의 급료, 판매원의 급료, 여비, 광고비, 사무용 소모품비, 영업용 건물의 감가상각비, 수선유지비, 수도광열비 등으로 보통 판매비와 관리비를 의미한다.

5. 제품 제조의 전후에 따른 분류

1) 실제원가

실제원가는 확정원가 또는 보통원가로 그 제품의 제조를 위하여 실제 소비에 투입된 인적·물적 자원이 발생한 원가이다.

2) 예정원가

예정원가는 예상원가, 견적원가, 기대원가 또는 추정원가로 제품의 제조 이전에 예상되는 원가이며, 원가관리에 도움을 주는 자료가 된다.

3) 표준원가

업체가 정상적으로 운영될 경우에 예상되는 원가이며, 영업활동이 최고수준에 이르렀을 때, 최소원가의 역할을 하여 실제원가를 통제하게 된다. 또한 예산편성 및 feed-back 시스템의 기초를 제공하는 것으로 실제원가에 비해 다양한 의사결정에 유용하게 활용한다.

6. 파악하는 시점에 따른 분류

원가는 특정사상(event)이 발생하는 시점에서 결정된다고 할 수 있다. 원가를 특정사상의 발생 전후를 기준으로 역사적 원가, 예정원가, 사전원가, 사후원가로 구분한다.

1) 역사적 원가

재화나 용역을 취득할 당시의 교환가격, 즉 특정사상이 발생한 시점에서 결정된 원가를 말하며 이를 과거원가라고도 한다. 실무에서는 실제원가라고도 하는데 감가상각, 감모상각 등의 원가는 추정을 포함하고 있는 개념이기 때문에 엄밀히 말해서 실제원가라고 할 수 없다.

2) 예정원가

예정원가는 특정사상이 발생하기 전에 분석과 예측을 통합하여 결정되는 원가로서, 이미 발생한 사건이 아니라 미래에 발생할 것으로 예상되는 사건에 결정되는 원가 또는 미래에 특정사건이 반드시 발생해야 한다는 특정인의 의견을 반영하는 원가이다. 따라서 예정원가를 예측원가 또는 미래원가라고도 한다.

3) 사전원가

제품개발 및 생산 전에 산출된 원가이다.

4) 사후원가

제품개발 및 생산 후에 산출된 원가이다.

7. 경영기능상에 따른 분류

원가가 경영활동의 어떠한 기능을 수행하기 위해서 발생한 것인가에 따라서 구분하는 것으로 경영활동을 제조활동, 판매활동, 일반관리활동으로 구분할 경우 그 각각에 대해서 나타나는 원가는 제조원가, 비제조원가, 판매원가, 관리원가로 분류할 수 있다.

1) 제조원가

제조원가(manufacturing costs)는 제품을 제조하는 데서 발생하는 모든 원가요소(직접원가＋제조간접비)를 말하는데 일명 공장원가(factory costs) 또는 생산원가(production costs)라고도 한다. 제조활동이라 함은 공장종업원의 노동력과 생산시설을 이용하여 생산과정에서 투입된 원재료를 제품으로 전환하는 활동을 의미한다.

이 제조활동과정에서 발생하는 원가를 제조원가라고 하는데 이 제조원가에는 직접재료비, 직접노무비, 직접경비 및 제조간접비를 포함하는 것이 통례이다.

2) 비제조원가(non-manufacturing costs)

기업의 제조활동과 관계없이 제품의 판매활동과 일반관리활동에서 발생되는 원가로 고객으로부터 주문을 받고 제품을 고객에게 인도하는 과정에서 발생하는 판매비(광고선전비, 판매수수료, 판매직원에 대한 급여 등)와 조직을 관리·운영하는 과정에서 발생하는 관리비(경영자 급여, 일반사무용품, 사무용 시설의 보험료와 감가상각비, 재산세 등)가 비제조원가에 포함된다.

3) 판매원가

판매원가(selling costs)는 제조활동이 완료되고 나서 판매가 이루어지기까지 나타나는 모든 비용을 말하는 것으로, 일명 마케팅원가(marketing costs) 또는 분배원가(distribution costs)라고도 한다. 이에는 광고선전비, 견본비, 판매원의 급료, 포장비, 발송비 등이 있다.

4) 관리원가

관리원가(administrative costs)는 경영활동과 관련하여 조직 내에서 전반적인 지시, 통제, 관리 등의 제반활동과정에서 발생한 원가를 말한다. 이에는 본사 관리업무사무원의 급료, 수당, 통신비, 사무용품비, 보험료, 대손금 등이 있다.

8. 관리가능성 여부에 따른 분류

원가의 발생이 각 계층의 관리자(최고경영자, 부분관리자)에 의해서 관리될 수 있는지의 여부에 따라 관리가능비와 관리불능비로 구분한다. 조직계층의 영향을 받는 원가로는 접대비, 감가상각비 등이 있다. 이들 원가에 대해 최고경영층은 통제가능하나 하위계층은 통제불가능하다.

1) 관리가능비

관리가능비(controllable costs)란 각 계층 관리자의 의지나 관리방법에 따라 통제할 수 있는 원가를 말한다. 일반적으로 변동비가 관리가능비이지만 상당부분의 고정비도 관리가능비인 경우가 있다.

2) 관리불능비

관리불능비(uncontrollable costs)란 각 계층 관리자의 의지나 관리방법에도 불구하고 절약할 수 없는 원가를 말한다. 관리불능비는 관리자의 계층에 따라 관리가능비가 될 수도 있다. 예를 들면 기계임차료는 현장관리책임자의 관리불능 원가이지만 기계구입의 권한을 갖고 있는 부분관리자 및 최고경영자에게는 관리가능비가 될 수도 있다.

9. 의사결정과의 관련성에 따른 분류

1) 관련원가

경영자의 의사결정과 관련이 있는 원가를 말하는 것으로, 고려중인 대체안 간의 차이가 있는 미래의 원가를 말한다. 대부분의 변동비, 회피 가능한 고정비, 기존 시장의 매출감소로 인한 이익감소와 유휴설비의 대체적 용도를 통한 이익 상실 등의 기회비용이 관련원가가 될 수 있다.

2) 비관련원가

비관련원가는 특정 의사결정과 관련 없이 이미 발생하였으므로 현재의 의사결정에 아무런 영향을 미치지 못하는 기발생원가와 각 대안들 간에 금액의 차이가 없는 미래원가를 말한다.

3) 매몰원가

과거 의사결정의 결과 이미 발생된 원가로 현재의 의사결정에는 아무런 영향을 미치지 못하는 원가를 말한다. 따라서 의사결정시점 이전에 발생이 확정된 원가로 의사결정 대안들 사이에 차이가 없으므로 그 금액이 크고 중요하다고 하더라도 당해 의사결정에 관한 한 무시해도 좋은 비관련원가가 된다. 비록 과거에 발생된 역사적 원가가 의사결정에 관련이 없다고 하더라도 미래의 의사결정을 하기 전에 역사적 원가를 자세히 분석해야 한다.

〈원가배분의 목적〉

원가배분이란 원가를 집계하여 일정한 배분기준에 따라 원가대상에 대응시키는 과정을 말한다. 원가배분은 직접원가·간접원가를 불문하고 발생한 원가를 원가대상에 대응시키는 것을 통칭하는 의미이다. 그러나 직접원가는 원가대상에 직접 부과하는 것으로 원가배분이 종료되므로 원가배분에서 중요한 위치를 차지하지 못한다.

한편 공통원가란 둘 이상의 사용자들이 공유하는 시설을 운영하는 데 소요되는 원가를 말한다. 즉 공통원가는 둘 이상의 원가대상에서 공통적으로 말하는 원가이다.

원가배분은 경제적 의사결정, 동기부여와 성과평가, 외부보고 재무제표 작성목적, 가격결정을 목적으로 한다.

재무제표 작성 목적의 원가배분 시에는 발생한 모든 원가를 배분하여야 한다. 그러나 성과평가나 의사결정 목적으로는 원가의 일부가 배분되지 않는 경우가 발생한다. 원가배분에서도 상이한 목적에 상이한 원가가 작용되는 것이다.

원가배분 목적은 다음과 같다.

첫째, 경제적 의사결정을 한다.

둘째, 동기부여와 성과평가를 한다.

셋째, 외부보고 재무제표 작성목적을 한다.

넷째, 가격결정을 한다.

제3절 원가의 구성

제품원가를 구성하는 각 원가요소는 여러 단계를 거쳐 판매가격을 구성하게 된다.

1. 직접원가

직접원가는 직접재료비, 직접노무비, 직접경비 등으로 구성된다. 경영규모가 작고 인간의 노력을 주로 하는 기업에서는 간접비가 적으므로, 직접원가가 제품원가의 대부분을 차지한다. 그중 직접경비는 거의 발생하지 않으므로 직접경비 중 직접재료비와 직접노무비를 합하여 기초원가 혹은 제1원가(prime costs)라 한다.

직접원가 = 직접재료비 + 직접노무비 + 직접경비

기초원가(prime costs) = 직접재료비 + 직접노무비

2. 제조원가

제조원가는 직접원가에 공장건물이나 설비에 대한 감가상각비, 보험료, 수도광열비 등과 같은 제조간접비를 가산한 원가이다. 제조원가는 제조활동의 모든 원가요소를 포함하기 때문에, 일반적으로 원가라 하면 제조원가를 뜻한다. 한편 직접노무비와 제조간접비를 합하여 가공원가 혹은 전환원가(conversion costs)라 부르기도 한다.

제조원가 = 직접원가 + 제조간접비

가공원가(전환원가) = 직접노무비 + 제조간접비

3. 총원가

제조원가에 판매원의 급료, 사무실이나 매장의 감가상각비, 포장비, 운반비 등과 같은 판매비와 관리비를 가산하면 총원가가 된다.

1) 총원가 = 변동원가 + 고정원가
2) 단위원가 = 총원가를 어떤 기준(예를 들어, 생산수량)으로 나누어 계산한 원가로서 평균원가라고도 한다.

   사례) 총원가 1,000,000원 ÷ 생산수량 100개 = 단위원가 10,000원

총원가 = 제조원가 + 판매 및 관리비

4. 판매가격

총원가에 판매이익을 가산하면 판매가격이 된다. 여기에서 판매비는 직접비에 속하며 관리비는 간접비에 속한다.

[판매가격 = 총원가 + 이익]

전환원가 (가공원가) ↓		제조간접비	판매비·관리비	판매이익	판매가격 ↓
	직접노무비	직접원가 prime costs	제조원가	총원가	
	직접재료비 직접경비				

문제

1. 판매가격에는 총원가의 15%가 되는 이익이 가산된다.
2. 판매비, 관리비는 제조원가의 20%가○ 해당된다.
3. 제조간접비는 직접노무비의 30%이다.
4. 이익은 총원가의 15%이다.

(단위 : 원)

직접재료비 40,000	제조간접비 ②	판매비와 관리비 ③	이익 ⑤	판매가격 ⑦
직접노무비 30,000	직접원가 ①	제조원가 ④	총원가 ⑥	
직접경비 12,000				

답 ① 82,000 ② 9,000 ③ 18,200 ④ 91,000 ⑤ 16,380 ⑥ 109,200 ⑦ 125,580

[원가의 구성요소]

재료비		노무비		제조경비		일반관리비	이윤
직접재료비	간접재료비	직접노무비	간접노무비	직접제조경비	간접제조경비		
제조원가							
총원가							
판매가격							

[재료비]

직접재료비	제품생산에 직접 소비되는 주요한 구성재료 (예: 원재료, 외주구입 부분품)
간접재료비	제품생산에 소비는 되지만 전체 재료비 중 차지하는 금액의 비중이 낮으며, 특정제품의 재료비로 산출하기 어려울 경우 제조경비로 계산한다. (예: 용접봉, 접착제)

[노무비]

직접노무비	제품생산에 직접 참여하는 작업자에 대한 임금 및 제 수당, 상여금, 퇴직금(예: 현장작업자)
간접노무비	제품생산에 간접 참여하는 인원에 대한 급여 및 제 수당, 상여금, 퇴직금 (예: 생산관리직원)

[제조경비]

직접경비	특정 제품 원가 계산 시 쉽게 배부 가능한 비용 (예: 감가상각비, 전력비, 수선비)
간접경비	여러 제품 생산 시 공통적으로 발생하여 특정제품 원가계산 시 제품별 직접 배부가 어려운 비용 (예: 수도광열비, 유류비, 여비교통비)

[판매 및 일반관리비]

제품 제조 후에 제품판매 및 일반관리에 직·간접으로 지출되는 비용 (예: 판매 일반관리직의 급여, 접대비, 광고선전비, 운반비)

[이윤]

제품생산 및 판매를 위해 지출된 총원가와 판매단가와의 차이

[직접원가와 간접원가]

직접원가	특정원가 대상에 대하여 발생한 원가의 물량추적이 가능한 것으로 인과관계가 상대적으로 분명하게 인지될 수 있는 원가(재료비, 직접노무비 등)
간접원가	물량추적이 어렵고 개별적이며 구체적인 인과관계의 식별이 불가능한 원가(간접노무비, 보험료)

[고정비와 변동비]

고정비	조업도(생산량)의 변화에 관계없이 고정적으로 발생하는 원가
변동비	조업도(생산량)의 변화에 따라 변동하는 원가

[실제원가와 표준원가]

실제원가	실제로 투입된 인적, 물적 자원이 발생한 원가
표준원가	예산편성 및 feed-back 시스템의 기초를 제공하는 것으로 실제원가에 비해 다양한 의사결정에 유용

[사전원가와 사후원가]

사전원가	제품개발 및 생산 전 산출된 원가
사후원가	제품개발 및 생산 후 산출된 원가

[제품원가와 기간원가]

제품원가	일정한 생산단위에 관련된 것으로 재고화 가능 원가
기간원가	일정기간의 수익에 대응하여 발생하는 것으로 흔히 자산화, 재고화될 수 없는 비용(판매관리비, 영업 외 비용)

제**4**절 원가관리의 목적

1. 식음원가관리의 목적

원가관리란 원가수치에 의해서 경영목표를 효과적으로 달성하기 위하여 경영시스템 혹은 하부시스템을 통해서 기회손실을 최소화하는 관리방식이다. 즉 식음료 원가관리의 궁극적 목적은 식음료 원가를 줄이며 판매를 증진시키고자 하는 데 있다. 영리목적은 업체에 있어 원가는 판매량 수익의 차이이며, 원가절감의 여부는 수익에 큰 영향을 미친다. 식음료 재료비는 식당영업에 있어서 최대의 단일 지출 항목이며 음식물의 특성으로 관리상의 손실 및 손실 발생의 가능성이 대단히 큰 운영적인 측면을 내포하고 있는 관계로 식당의 성공과 실패는 흔히 식음료 원가를 효과적으로 관리하는 경영의 능력에 좌우된다.

식음료 원가를 관리하는 식당의 경영자는 다음의 사항에 유의하여 그의 업무를 수행할 필요가 있다.

① 식당의 고객이 어떤 요리(메뉴)를 요구할 것인가를 정확하게 예측한다.
② 이러한 예측을 기준으로 하여 합당한 품류의 식자재를 최적 수량만큼 구입 · 확보한다.
③ 과도한 원가를 피하기 위해 각 요리별 분량 규격을 알맞게(표준화, 규격화) 배분, 조절한다.
④ 자재가 매입되어 제조되고 고객에게 판매되어 매출로써 회수되기까지의 경영과정상에서의 불필요한 낭비로 인한 손실의 발생을 제거토록 노력한다.

2. 원가정보의 제공 목적

원가정보는 재무제표를 작성하고 예산을 편성하거나 경영통제 및 성과평가 등과 같은 관리적인 의사결정을 수행하는 데 필요한 정보자료이다.

1) 재무제표 작성

재고자산평가, 매출원가, 기간이익의 결정을 위한 계산을 하는 데 중요한 자료가 된다. 재무제표의 중심을 이루는 것으로 대차대조표와 손익계산서가 있으며, 이 두 가지는 각각 일정한 시점의 재무상태와 일정기간의 손익을 나타낸다.

2) 경영계획의 수립과 통제

① 경영계획은 조직의 목표를 설정하고 이를 달성하기 위하여 자원을 어떻게 활용할 것인가를 결정하는 것으로 예산은 수치로 표시한다.

② 경영통제는 사전에 설정된 기업목표로부터 조직행동이 이탈됨을 방지하기 위한 과정이다.

③ 경영계획과 경영통제 간의 경영계획은 목표를 설정하고 달성할 수 있도록 행동을 규정하는 것이다. 경영통제는 이러한 계획의 실행과 목표달성을 보장하는 것이다.

3) 경영의사결정

경영의사결정은 경영상 문제를 해결하기 위하여 여러 가지 대안들을 분석하여 그중 하나를 선택하여 실행하는 과정이다.

4) 세무보고

세법의 규정에 따라 기업은 원가계산을 하여 세무보고를 하여야 한다. 재고자산의 원가범위에 관하여 기업회계기준과 세법 간에는 차이가 있을 수 있다. 원가회계담당자는 기업회계기준에 따라 원가계산을 하여 재무제표에 재고자산을 계산함은 물론 세법의 규정에 따라 원가계산을 하여 법인세를 산정·납부해야 한다.

5) 가격결정

공공요금 또는 정부규제대상 제품이나 서비스의 가격결정, 원가보상계약에 따른 보상금액의 결정 등을 위하여 정보제공이 필요하다.

3. 원가정보의 특성

① 원가정보는 경영자가 경영활동을 위하여 필요한 정보를 획득하는 다양한 정보 원천이다.
② 원가정보는 원가와 관련된 경제적 사상의 정확한 측정치라기보다는 개략적인 측정치이다.
③ 경영자는 의사결정 목적에 적합한 원가정보를 획득하여야 한다.

원가계산

제2장 원가계산

제1절 원가계산의 개념

1. 원가계산의 의의

기업은 생산 또는 판매를 하기 위해서 재화 또는 용역을 제공하며, 이에 제공된 경제가치가 소비된 것을 원가라 한다. 소비된 경제가치의 계산절차를 원가계산이라 하며, 원가계산(cost accounting)은 생산된 제품의 단위당 원가를 계산한다. 즉 일정기간 동안에 소비된 모든 원가를 집계하여 그 기간 동안의 생산량으로 나누어 단위당 원가를 산출하는 것이다.

원가계산은 제품에 따른 원가계산뿐 아니라 재료비원가계산, 인건비원가계산, 판매비원가계산, 이자원가계산 등에 이르기까지 확대되었다.

외식기업의 영업활동은 원활하고, 경제적인 식자재 구입을 위한 구매활동, 메뉴를 생산하는 조리활동, 그리고 고객이나 소비자에게 소비하게 하는 판매활동의 3가지 기능에 의해 형성되고 있지만, 이 중에서 조리활동은 기업의 이익을 창출하는 원천이 되는 원가계산의 핵심이라고 볼 수 있다.

원가를 기업경영에 효과적으로 사용하여 기업의 목적을 달성하기 위해서 경영자가 알아야 할 원가지식은 다음과 같이 요약할 수 있다.

첫째, 제품원가 계산 방법을 알아야 한다.

둘째, 표준원가계산, 표준원가차이분석 및 업적평가시스템에 대한 지식을 통해 경영관리에 활용할 수 있는 능력을 지녀야 한다.

셋째, 원가-조업도-이익분석, 직접원가계산 그리고 차액원가계산 등 특수원가 분석기법에 대한 이해가 필요하다.

넷째, 최근의 급격한 기업 환경의 변화에 대응하기 위해서는 활동원가기준계산 (ABC), 목표원가계산, 품질원가계산 등에 대한 이해가 필요하다.

1) 원가계산의 원칙

① 진실성의 원칙: 제품에 소요된 원가를 정확하게 계산하여 실제로 발생한 원가를 진실하게 표현하는 것을 원칙으로 한다.

② 발생기준의 원칙: 현금의 수지와 관계없이 원가발생의 사실이 있는 발생시점을 기준으로 하여야 한다.

③ 계산경제성의 원칙: 중요성의 원칙이라고도 하며, 원가계산을 할 때에는 경제성을 고려해야 한다는 원칙이다.

④ 확실성의 원칙: 실행 가능한 여러 방법이 있을 경우 가장 확실성이 높은 방법을 선택하는 원칙이다.

⑤ 정상성의 원칙: 정상적으로 발생한 원가만을 계산하고 비정상적으로 발생한 원가는 계산하지 않는다는 원칙이다.

⑥ 비교성의 원칙: 원가계산기간에 따른 일정기간의 것과 또 다른 부분의 것을 비교할 수 있도록 실행되어야 한다는 원칙이다.

⑦ 상호관리의 원칙: 원가계산과 일반회계기간 그리고 각 요소별 계산, 부분별 계산, 제품별 계산 간에 서로 밀접하게 관련되어 하나의 유기적 관계를 구성함으로써 상호관리가 가능하게 되어야 한다는 원칙이다.

2. 원가계산의 목적

원가를 계산하는 목적은 경제실제를 계수적으로 파악하여(경영방침 또는 이익에 따라 손익의 산정과 재정상태를 파악) 판매가격의 결정 및 경영능률을 증진시키는 데 있다. 즉 원가계산은 제품단위당의 원가를 계수적으로 구하는 목적 외에도 기업 외부적으로는 이해관계자에게 정확한 기업의 정보를 제공하고 내부적으로는 경영관리를 위한 의사결정을 위하여 필요하다.

[원가계산의 목적]

목적	기업외부 정보제공	기업내부 경영관리
정보이용자	• 주주(국내, 외국) • 채권자(은행, 투자금융회사, 정부기관)	경영관리자
제공되는 정보내용	• 손익계산서 • 대차대조표 • 이익잉여금(결손금) 처분서 • 현금흐름표	• 문제해결을 위한 의사결정 • 경영계획과 경영통제 • 재무제표 작성 • 원가관리 • 경영의 기본계획 수립

1) 판매가격의 결정

판매가격은 보통 그 제품을 생산하는 데 실제로 소비된 원가를 산출하여 이윤을 가산하여 결정한다.

2) 원가관리

원가관리의 기초재료를 제공하여 원가를 절감하도록 능률적인 관리를 함으로써 원가표준을 설정한 후 표준원가와 실제원가를 비교하여 원가관리의 목적에 기여하도록 한다.

3) 이익 및 예산편성

이익계획의 설정과 예산의 편성을 위한 원가정보 제공의 측면에서 계수적인 계획의 근간이 되며, 경영관리를 통한 예산통제로 활용된다.

4) 재무제표의 작성

기업의 일정 회계기간 동안 경영활동을 나타내는 재무제표는 경영성과를 나타내는 손익계산서, 재무상태를 나타내는 대차대조표를 활용하여 재무제표를 작성하기 위해서는 원가계산이 필수적이다. 따라서 원가계산은 경영활동의 결과를 재무제표에 집계하여 보고하는데 이의 기초자료로 제공된다.

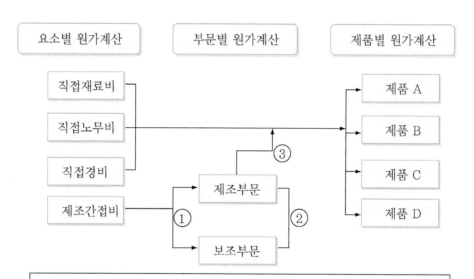

[원가계산의 3단계]

5) 경영비교 기초자료의 제공

동일산업 내의 타 업체, 동 업체 부문 사이의 경영관리 효율성을 상대적으로 비교하는 데 기초정보를 제공한다.

오늘날 원가계산은 대부분 1개월 단위를 원칙으로 하고 있다. 그러나 분기별 (3개월), 반기별(6개월), 1년 단위로도 행하여지고 있다. 외식기업에 있어서는 1일, 1개월, 또는 1년을 원가계산의 기간으로 한다.

원가계산 단위로는 상자, kg, L, 개(個), 대(臺), 타(打) 등이 있다.

3. 원가와 비용의 차이점

원가와 비용은 다 같이 기업경영의 자본순환과정에서 나타나는 경제가치의 소비액을 화폐액으로 측정한 것이라는 점에서는 동일하다. 그러나 원가가 특정제품이나 용역을 생산하기 위해서 희생된 가치를 말하나, 비용은 일정기간 내에 기업의 수익과 관련해서 발생하는 경제가치의 희생액이라는 점에서 개념상의 차이를 가진다.

비용은 수익을 얻기 위하여 희생된 경제적 가치로 정의된다. 즉 비용은 일정기간의 수익과 대응되는 개념이라 할 수 있다. 그러므로 이익을 얻기 위해서 대기 중에 있는 제품이 판매되어 이익이 실현된다면, 비용은 미래에 이익획득을 위해서 공헌할 원가가 된다. 원가는 제품 또는 용역을 얻기 위하여 희생된 금액을 말하며, 그 희생은 현금의 지급, 채무의 발생, 기타 형태로 나타나게 되며, 비용은 1회계기간의 손익으로 계산하게 된다. 즉 원가는 생산·판매에 관련된 재화 및 용역의 소비가치, 즉 제품 한 단위의 급부에 집계된 재료비·노무비·경비를 측정하는 원가계산상의 개념이며, 비용은 일정기간의 수익에 대응해서 파악되는 손익계산상의 개념이다.

또한 원가와 자산 비용 및 손실 관계는 다음과 같이 나타낼 수 있다. 원가는 재화나 용역을 얻기 위하여 소비된 경제적 가치, 즉 잠재력이 소멸되어 미래에 더이상 경제적 효익을 제공할 수 없으리라 예상되는 원가가 소멸원가(expired cost)이고 미래로 이연되는 원가는 미소멸원가(unexpired costs)이며 이는 단지 대차대조표에 자산으로 계상된다. 소멸원가는 그것이 수익창출에 기여했는가의 여부에 따라다시 비용(expense)과 손실(loss)로 구분된다. 비용은 수익을 창출하는 데 기여한 소멸원가를 말하며, 손실은 수익을 창출하는 데 아무런 기여를 하지 못하고 소멸된원가를 말한다.

원가와 비슷한 개념으로 우리는 비용이라는 말을 자주 사용한다. 일반적으로 식사비를 지불했다면 비용이라 표현할 것이고, 주방기구를 구입했다면 원가라고 표현할 것이다.

원가는 재화 및 용역의 생산·취득과 관련되는 지출이고 비용은 수익과 관련되는 지출이다.

제품생산 또는 상품구매 시 지출되는 대가는 원가이고, 이것이 판매수익이 될때 비용으로 되는 것이다.

먼저 회계학적으로 원가라고 함은 그 회사에서 주로 판매하는 제품의 생산 또는 매입에 들어가는 비용을 합한 것이다.

제품을 매입할 때 들어간 돈이 원가가 되며, 제조기업의 경우는 노무비, 원재료비, 기타 제조간접비가 원가를 구성한다.

기업운영을 하면서 들어가는 비용(금전적 또는 비금전적)인데, 기업회계기준에서는 주요 경영활동으로서의 재화의 생산·판매, 용역의 제공 등에 따른 경제적효익의 유출·소비라고 되어 있다.

원가는 재화 및 용역의 생산·취득시점에서 발생되고 비용은 판매시점에서 발생된다.

고정자산, 재고자산 취득 시 지불되는 금액이 원가이며, 당해연도 매출액을 얻기 위하여 투입된 원가분(고정자산의 감가상각비, 재고자산 판매분의 매출원가)이비용이다. 발생된 원가는 원가계산에 의하여 비용과 자산으로 나누어지며, 비용은 당해연도 비용, 자산은 차기연도 이후 비용화된다.

또한 원가는 결국에는 비용화되지만, 원가 중에는 비용으로 되지 않는 것이 있으며(토지) 비용이지만 수익과 관련 없이 손실로써 발생하는 것도 있다(재해손실 등). 이처럼 원가와 비용은 개념상 발생시점 범위에서 근본적으로 차이가 나지만 원가와 비용은 다 같이 경영활동을 하기 위하여 들어가는 돈이라는 점에서는 동일하다.

원가는 주요한 제품을 생산(또는 구입)하는 데 든 비용의 합계를 낸 것이고 비용은 경영활동 전반에서 발생하는 경제적 효익의 유출이다. 따라서 정리하자면 비용 중 한 가지가 원가이다.

원가계산준칙에 의하면 제조원가의 계산은 다음의 원칙을 준수하여 계산하도록 하고 있다.

① 제조원가는 일정한 제품의 생산량과 관련시켜 집계하고 계산한다.
② 제조원가는 신뢰할 수 있는 객관적인 자료와 증거에 의하여 계산한다.
③ 제조원가는 제품의 생산과 관련하여 발생한 원가에 의하여 계산한다.
④ 제조원가는 그 발생의 경제적 확인 또는 인과관계에 비례하여 관련제품 또는 원가부문에 직접 부과하고, 직접 부과하기 곤란한 경우에는 합리적인 배부기준을 설정하여 배부한다.

[원가와 비용]

구 분	원 가	비 용
개념	생산, 취득에 사용(생산측면)	수익에 대응(판매측면)
발생	생산, 취득시점	수익시점
부가원가 중성비용	대부분 비용화 비용화되지 않는 것(토지취득)	원가와 무관하게 발생 (기부금, 법인세)
공통점	경영활동을 위하여 투입된 돈	

제**2**절 원가계산의 범위

1. 원가계산의 체계

원가계산에는 여러 종류가 있기 때문에 원가계산도 다양한 관점에서 분류될 수 있다.

원가계산체계에 의하면 제도로서 원가계산이라고 하는 것은 원가계산제도라는 의미로 회계장부를 통해서 정상적으로 행하는 것이다. 이것에 대하여 제도 외의 원가계산은 특수원가조사라고도 한다.

원가계산은 관점에 따라 표와 같이 여러 가지로 분류할 수 있는데, 대표적인 원가계산방법은 원가집계방법, 제품원가계산방법, 그리고 원가측정방법으로 분류하기도 한다.

[원가계산방법]

계산방법	원가집계방법	제품원가계산방법	원가측정방법
분 류	개별원가계산 종합원가계산	전부원가계산 직접원가계산	실제원가계산 예정원가계산 표준원가계산

자료: 진양호·강종헌, 호텔&외식산업 원가관리론, 지구문화사, 2000, p. 19.

2. 원가요소의 측정·분류·집계에 의한 구분

원가측정방법은 원가계산의 시점에 따른 분류이다. 예정원가계산은 사전원가계산이라고도 하는데, 제품을 제조하기 전에 미리 그 원가를 예정하여 계산하는 방법이다. 여기에는 추정원가계산과 표준원가계산이 있는데, 추정원가계산은 과거의 실제원가를 기초로 하여 장래에 예상되는 원가를 설정하는 방법이고, 표준원가계산은 과학적 분석을 통하여 미리 표준이 되는 원가를 정하고 이것과 실제원가를 비교하여 그 차이를 분석하는 방법이다. 반면에 실제원가계산을 사후원가계산이라고도 하는데, 제품을 생산한 후에 실제로 발생한 실적자료에 의해 원가를 산출한다.

원가집계방법은 생산형태에 따라 동종제품을 계속적으로 생산하는 대량생산의 형태에서는 종합원가계산방식을 활용하게 된다. 종합원가계산에서는 일정기간단위로 발생한 원가를 모두 집계하고 이를 기말에 완성품과 제공품에 배분하여, 완성품 제조원가를 완성품 수량으로 나누어 평균적인 단위원가를 계산한다.

원가측정방법은 제품원가에 고정비를 포함시키는가에 따라 구분한다. 특히 전부원가계산에서는 제품을 제조하는 데 소요된 모든 원가(직접비와 간접비를 포함한 재료비, 무비, 경비의 모든 원가)를 제품원가로 집계한다. 일반적으로 원가계산이라고 하면 전부원가계산을 뜻한다. 여기에서 직접원가계산이란 제조원가를 변동비와 고정비로 구분하여 변동비만으로 제품원가를 계산하는 것을 말한다.

이 방법에 의하면 전부원가계산과는 달리 제조원가에 포함되어 있는 고정제조간접비(고정비)는 제품원가에서 제외되어 기간원가로 취급된다.

같은 제품이라도 크기나 형태가 서로 다른 제품을 생산하기 때문에 모든 원가요소를 직접비로 집계할 수 있을 만큼 단순한 경우는 거의 없다. 즉 기계설비에서의 감가상각비와 관리직 사원의 급여, 소모품 등의 간접비는 제품을 직접 배분할 수가 없는 것이다. 그러므로 이러한 간접비는 어떠한 방법으로든 제품에 정확히 배분해야 한다. 이를 호텔 식음료부분의 사례로 예시하고 있는데, 이에 따라 전표나 장부상의 원가계산에서는 3가지 단계로 원가를 집계하고 있다.

① 비목별 원가계산

직접비·간접비와 같이 원가를 비목별(요소별 또는 항목별)로 계산하는 절차를 말한다. 이것은 형태별 분류나 기능별 분류를 고려한 분류로서 재무회계와 원가회계를 결합시킨 계산이며 원가구성을 이해할 수 있는 것이다.

② 부분별 원가계산

비목별 계산에서 파악된 원가요소를 원가부분별(발생하는 장소, 발생한 직능단계)로 분류·집계하는 개선절차를 말한다.

③ 제품별 원가계산

요소별 원가계산의 직접비를 제품별로 배분하고, 부분별 원가계산의 부문비를 제품별로 배분하여 최종적으로 각 제품의 제조원가를 계산하는 절차이다. 원가계산의 3차 단계로서 원가요소를 일정제품 단위로 집계하여 단위제품의 제조원가를 계산하는 절차를 말한다.

그 원가단위는 개수·시간단위 등으로 표시한다. 즉 제품 1단위마다 원가요소를 집계하여 제품의 단위원가를 계산하며, 보고목적인 손익계산과 관리목적인 이익계획에 중요한 원가정보를 제공하는 계산이다.

3. 재료비의 계산

기업이 제품의 제조에 사용할 목적으로 외부로부터 매입한 물품을 재료라 한다. 음식을 생산하기 위하여 사용되는 식재료와 같이 물리적인 가공에 의하여 제품의 실체를 구성하는 것을 말한다. 재료비(material costs)는 제품의 제조과정에서 소비된 재료의 가치로서 원가요소 중 하나이다. 재료나 원료와 마찬가지로 재료비도 원료비와 구별하여 사용하기도 하며, 두 가지를 합하여 원재료비라는 용어를 쓰기도 한다.

재료비는 관점에 따라 여러 가지로 분류할 수 있는데, 여기서는 제조활동에서 사용되는 형태와 제품과의 관련성에 따라 분류한다. 제조활동에 사용되는 형태로 분류하면 주요 재료비, 보조재료비, 부품비, 소모공구·기구·비품비 등으로 구분할 수 있다.

1) 재료비의 분류

① 주요 재료비

주요 재료비란 냉장고에 쓰이는 철판, 가구제조회사의 목재, 제지회사의 펄프, 제과회사의 밀가루 등과 같이 제품의 주요 부분을 구성하는 재료를 소비함으로써 발생하는 원가이다.

② 보조재료비

보조재료비란 냉장고제조회사의 나사, 가구제조회사의 못, 의복제조회사의 단추, 동력용 연료 등과 같이 제품의 주요 부분을 구성하지 않는 재료, 즉 보조적으로 소비될 뿐, 제품의 주요 부분을 구성하지 않는 재료를 소비함으로써 발생하는 원가이다.

③ 부품비

부품비란 가구제조회사의 장식품, 자동차제조회사의 타이어같이 제품이 그대로 부착되어 그 제품의 구성부분이 되는 물품을 소비함으로써 발생하는 원가요소이다.

④ 소모공구・기구・비품비

소모공구・기구・비품비란 제조기업에서 사용하는 망치, 드라이버 등과 같이 내용연수가 1년 미만이고 가격이 싼 것을 의미한다. 내용연수가 1년 이상이고 가액이 큰 경우에는 이를 고정자산으로 계상하고, 매월의 소비액을 감가상각비라 하는 제조경비항목으로 계상해야 한다.

2) 재료비 구성

제품을 제조할 목적으로 외부로부터 매입한 물품을 재료라 하고, 이 중에서 제조활동에 투입된 부분의 소비된 가치를 재료비라 한다. 재료는 자산이고 재료비는 원가요소이다.

재료비 중에서 특정제품에 얼마만큼 투입되었는가를 알 수 있으면 직접재료비가 되고, 정확히 알 수 없으면 간접재료비가 된다. 따라서 직접재료비는 제품에 직접 배부할 수 있지만, 간접재료비는 제조간접비로서 일정한 배부기준에 따라 배부하여야 한다. 일반적으로 직접재료비는 다음과 같이 분류한다.

[재료비의 분류]

재 료		재료비	분 류
주요 재료		주요 재료비	직접재료비
구입부품	소비	구입부품비	직접재료비 또는 간접재료비
보조재료		보조재료비	간접재료비
소모공구, 기구, 비품		소모공구, 기구, 비품	간접재료비

자료: 홍기운, 식품구매론, 대왕사, 2001, p. 37.

3) 재료소비량의 계산

재료비는 재료소비량 × 소비가격 = 재료비로 계산하기 때문에 재료비를 구하려면 소비량과 소비가격, 즉 단가를 사용하지 않으면 안된다.

4. 노무비의 계산

노무비(labor costs)란 제품의 제조를 위하여 노동력을 소비함으로써 발생하는 원가요소를 말한다. 따라서 공장관계 직원이 아닌 본사의 사장이나 영업소의 판매사원 등에 대한 보수는 제품의 제조를 위한 것이 아니기 때문에 노무비로 분류하지 않고, 판매비와 관리비로 분류한다.

노무비는 지급형태에 따라 임금, 급여, 잡급, 종업원 상여수당 등으로 구분한다. 또한 제품에 직접 부과할 수 있는지 여부에 따라 직접노무비와 간접노무비로 구분할 수도 있으며, 발생형태에 따라 노무주비와 노무부비로 구분한다.

1) 지급형태에 따른 분류

① 임금

임금(wages)이란 작업현장에 종사하는 생산직 근로자에게 지급하는 보수로서, 기본임금과 할증으로 구성된다. 할증금에는 시간외수당, 야간작업수당, 위험수당 등이 있다. 임금은 그 지급형태에 따라 월급, 주급, 일급, 시간급, 성과급 등으로 구분한다.

② 급료

급료(salary)는 주로 정신노동을 하는 공장의 직원(공장장, 기사, 감독, 사무장 등)에게 지급되는 노동력 대가이다. 급료는 임금과는 달리 그 지급형태가 단순하며 월급제인 경우가 많다.

③ 잡급

임시고용직 종사원과 잡역인부 등에게 지급되는 노동력의 대가이다. 잡급은 그 지급형태가 시간급이나 성과급인 경우가 대부분이다.

[지급형태에 따른 노무비 분류]

임금	생산현장의 종업원에게 지급하며, 기본급과 제 수당으로 구성
급료	사무직 직원에게 지급되는 노동력의 대가
잡급	임시고용직 종사원과 잡역인부에 대해 지급하는 급여
종업원 상여수당	종사원의 작업과는 직접적인 관련 없이 경상적으로 지급되는 것(정기상여금, 가족수당, 주택수당, 통근수당 등)
퇴직급여 충당금 (전입액)	종사원 퇴직에 대비한 퇴직급여 충당금을 설정하여 비용으로 계산한 것
법정복리	의료보험, 국민연금 등으로 사회보험료의 성격으로 기업부담액
기타	복리후생비, 교육비

④ 종업원 상여수당

종업원의 작업과는 직접적인 관련 없이 경상적으로 지급되는 정기상여금 (bonus)과 연공, 정근, 가족, 근무지, 교통, 주택 등과 관련하여 지급되는 제 수당으로 구성된다. 제 수당은 보통 매월마다 급여 지급 시에 지급되지만, 상여수당은 업종에 따라 일정한 기간단위(분기, 반기, 연말 등)로 지급되는 경우가 많다.

2) 성격에 따른 노무비 분류

① 노무주비

노무주비란 제품의 제조를 위하여 직접 또는 간접적으로 소비되는 노동력 대가이다. 종업원 개인별로 그 지급액을 계상할 수 있는 특징이 있다. 일정 기간을 단위로 하여 노무비를 산정하고자 할 때 비교적 명료하게 나타나므로 원가로써 파악이 용이하다.

여기에는 임금, 급료, 잡급, 종업원 상여수당 등이 속한다고 할 수 있다.

② 노무부비

노무부비란 종사원을 고용, 관리 및 유지하는 데 소요되는 일체의 비용 중에서 노무주비 이외의 비용이라 할 수 있다. 기업이 사람을 고용하게 되면 종업원 개개인에게 실제로 지급되는 노무주비 이외에도 사람을 고용하고 관리하기 위하여 많은 비용을 부담해야 한다.

여기에는 모집비, 교육훈련비, 유급휴가, 학자금보조비 등이 속한다고 할 수 있다.

노무주비	제품생산을 위하여 직접 또는 간접적으로 소비되는 노동력의 대가(임금, 급료, 종업원 수당 등)
노무부비	종사원을 고용, 관리 및 유지하는 데 소요되는 비용 중에서 노무주비 이외의 비용(복리후생비, 교육훈련비, 학자금보조비 등)

③ 제품과의 관련성에 따른 분류

노무비의 발생을 특정제품에 직접적으로 부과할 수 있느냐 없느냐에 따라 분류한 것이다. 특정제품의 제조와 관련성을 갖지 않고 간접적으로 관련성을 갖고 있는 노무비를 간접노무비라 한다. 여기에는 간접공이 있는데 이는 직접적인 것 이외의 작업에 종사한 공원으로서 수선공, 청소부 등이 여기에 속한다.

[제품관련성에 따른 노무비의 분류]

직접노무비	제조활동에 직접 투입된 직접공 등의 임금
간접노무비	간접공, 감독자 등의 임금

3) 노무비 계산

(1) 지급임금의 계산

지급임금이란 기업이 노동력이라는 원가요소를 구입한 대가로 그 제공자에게 지급하는 금액을 말한다.

① 일급: 작업일수 ×임률
② 시간급: 작업시간 수 × 지급임률
③ 성과급: 생산량 × 지급임률
④ 지급임금액: 노동시간 수×지급임률

(2) 소비임금의 계산

소비임금이란 기업이 구입한 노동력 중에서 제품의 제조활동에 소비되는 가치를 말하는 것으로 제품원가에 포함된다.

① 소비임금액: 특정제품 제조를 위한 실제작업 시간 수×소비임률

② 실제소비임률(평균임률):

$$\frac{\text{원가계산기간의 각 부문 직접공 임금총액}}{\text{원가계산기간의 각 부문 직접공 총작업시간 수}}$$

③ 예정임률:

$$\frac{\text{예정 임금총액}}{\text{예정 총작업시간 수}}$$

④ 직접노무비: 직접작업시간×임률

⑤ 간접노무비: 소비노무비 − 직접노무비

문제

갑이라는 직원의 임금총액이 3,000,000원이고 총작업시간 300시간 중에서 직접 작업시간 250시간, 간접공의 작업시간이 50시간일 때 직접노무비와 간접공의 간접노무비는 얼마인가?(단, 시간당 임금 10,000원)

[답] 임금총액 3,000,000원
총 작업시간 300시간
직접작업시간 250시간

직접노무비 250시간×10,000원=2,500,000원
간접공의 간접노무비=50시간×10,000원=500,000원(3,000,000원−2,500,000원)

5. 경비의 계산

1) 경비의 구성

경비(expense)란 제품의 제조를 위해 소비되는 원가 중에서 재료비와 노무비를 제외한 모든 원가요소를 말한다. 업체에서 발생하는 비용은 제조경비로서 제품원가에 포함되지만, 업체 이외의 부문에서 발생하는 비용은 판매비와 일반관리비가 된다.

경비는 재료원가나 노무원가와 달리 원가인식 대상을 명확히 할 수 없고, 기업의 업종이나 규모에 따라 원가의 성격과 내용이 복잡하고 다양하다.

경비의 특징은 다음과 같다.

① 경비란 제품의 제조를 위하여 소비되는 원가의 일부분이므로 여기서는 제조경비를 말한다.

② 경비란 제품을 제조하기 위하여 소비되는 원가요소 중에서 재료비와 노무비를 제외한 모든 원가요소이기 때문에 경비의 구성내용은 상대적으로 결정되는 것으로서 일률적으로 말할 수 없다.

③ 경비는 재료비와 노무비를 비교할 때 그 구성내용이 다양하며, 간접적인 성격을 갖는 원가가 대부분이다.

④ 경비는 제품을 생산하는 과정에서 불가피하게 발생한 것으로서, 정상적이어야 한다. 그러므로 우발적이거나 비정상적으로 발생한 것은 비록 그의 성격이 경비에 속한다 해도 경비로서 제품원가에 산입되어서는 안된다.

2) 경비의 분류

경비는 특정제품에 얼마만큼 투입되었는지를 직접적으로 추적할 수 있으면 직접경비가 되고, 추적할 수 없으면 간접경비가 된다.

직접경비는 특정 제품에 직접 부과할 수 있는 경비로 예를 들어 외주가공비, 특허권 사용료, 특수기계임차료 및 감가상각비 등이 있다. 간접경비는 여러 제품제조와 관련된 공통경비로, 특정 제품별로 추적이 어려워 인위적인 배부절차가 요구되는데 대부분의 경비가 이에 속한다.

생산량과 관계없이 일정액으로 고정되어 있으면 개별제품별로 추적이 불가능하므로 직접원가가 아니다. 따라서 직접경비는 거의 존재하지 않으며, 소액으로서 중요성을 갖지 않는다. 간접경비는 경비의 대부분을 차지하는 것으로 제조간접비로서 제품에 직접 부과할 수 없고, 수선비, 전력비, 가스료, 수도료. 운임, 보관료, 조세공과, 여비교통비, 교제비, 재고감소비, 외주가공비, 잡비, 감가상각비, 통신비 등이 있다.

3) 경비의 계산

경비는 그 성격에 따라 지급경비, 월활경비, 측정경비, 발생경비로 나누어 계산할 수 있다.

① 지급경비란 그달에 지급한 금액을 그달의 소비액으로 하는 경비를 말한다. 여기에는 외주가공비, 복리후생비, 운임, 수리수선비, 여비교통비, 교제비, 외주가공비, 잡비 등이 있다.

월분 경비지급표 (년 월 일)						
비목	당월지급액	전월		당월		당월소비액
		미지급액 (−)	선지급액 (+)	미지급액 (−)	선지급액 (+)	

② 월할경비는 3개월, 6개월, 1년 등과 같이 일정기간 단위에 걸쳐 발생하는 총경비액을 원가계산 목적으로 월별로 그 발생액을 균등 부담하도록 하는 경비이다.

월할경비에는 보험료, 임차료, 감가상각비, 특허권 사용료, 세금과 공과금 등이 있는데, 월별로 분할하여 계산한 월할액을 원가에 산입한다.

경비월활표 (년 상반기)									
비목		금액		월수	월 할 액					
					1월	2월	3월	4월	5월	6월

③ 측정경비란 전력비, 가스료, 수도료 등과 같이 계량기에 의하여 소비액을 측정할 수 있는 경비를 말한다. 일반적으로 계량기의 검침일과 원가계산일이 일치하지 않으므로, 지급 경비액과 발생 경비액이 일치하지 않는다. 측정경비를 정확하게 계산하기 위해서는 경비 측정표를 만들어 자체적으로 측정할 필요가 있다.

경비측정표 (년 월 일) —월분				
비 목	전월검침량	당월검침량	당월소비량	단 가	금 액

④ 발생경비는 원가계산기간에 발생하였으나 그 발생액은 실사에 의해서만 파악 가능하고 지출되지 않는 경비이다. 여기에는 재고자산 감모손실 등이 있다.

		경비발생표 (년 월 일) ―월분		
비 목	발생부문	적 요	금 액	비 고

제 **3** 장

표준원가계산

제3장 표준원가계산

제1절 표준원가의 개념

1. 표준원가의 의의

표준원가는 사전에 과학적인 방법에 의하여 책정된 원가로서, 정상적인 작업조건하에서 마땅히 달성되어야 하는 원가이다. 따라서 표준원가는 제품생산을 위한 원가발생과정에서 나타날 수 있는 여러 가지 비능률과 낭비요인을 제거하기 위하여 사전에 설정된 목표원가의 성격을 갖고 있으며, 원가통제수단으로 사용되는 사전원가 또는 예정원가의 개념이다.

그러나 사후에는 원가를 알 수 있는 역사적 원가 또는 실제원가는 과거원가라는 점에서 예정원가와 대조적이다. 표준원가가 과학적으로 계산된 원가라는 것은 그것이 객관적인 설득력을 갖기 위해서 설정자의 주관이 배제된 객관적인 방법에 의해서 계산되어야 함을 의미한다.

일반적으로 제조원가의 표준은 원가요소(직접재료비, 직접노무비, 제조간접비)별로 사전에 설정되고, 이에 표준원가와 사후적으로 발생된 실제원가를 비교하여 그 차이를 분석함으로써 원가관리의 수단으로 활용되고 있다.

이와 같이 표준원가는 생산활동의 효율성을 측정하기 위한 척도로서, 과학적으로 결정된 원가이다. 이는 과학적으로 결정한다는 점에서 예정원가와는 다르다.

표준원가계산은 제품원가를 표준원가로 인식함으로써, 조직이나 조직의 구성원

들로 하여금 목표달성의 동기를 부여할 뿐만 아니라 예산이나 책임회계와 결합하여 효율적인 원가통제 수단이 되기도 한다. 그리고 실제원가와의 원가차이분석을 통해 원가차이의 원인을 규명하고 원가차이에 대한 책임을 명확히 하는 데 도움을 준다.

또한 회계학에서 널리 사용되는 표준이라는 원가통제나 성과평가의 기준으로서 특정작업의 효율적 수행여부를 판단하는 근거가 되는 기준을 말한다. 이러한 표준에는 물량단위로 표시하는 수량표준과 화폐금액으로 표시하는 가격표준이 있다.

표준원가란 특정제품을 생산할 때 발생할 것으로 예상되는 원가를 가격표준과 수량표준을 사용하여 사전에 결정한 것으로, 각 원가요소별로 설정하는 것이 보통이다. 즉 제품의 표준원가를 직접재료원가, 직접노무원가, 제조간접원가 각각에 대해 수량표준과 가격표준을 곱하여 계산한 금액을 모두 합한 금액을 말한다.

구분	제품 1단위당 표준투입수량	투입수량단위당 표준가격	원가요소별 표준원가
직접재료원가	5g	8원	40원
직접노무원가	3직접노동시간	10원	30원
변동제조간접원가	5직접노동시간	12원	60원
고정제조간접원가	3시간	7원	21원
합 계			151원

자료: 김성기, 현대원가회계, 경문사, 2003, p. 440.

표준원가개념을 보다 유용하게 활용하기 위해서는 다음과 같은 경우마다 과거에 설정된 표준원가의 타당성을 검사하여 표준원가를 수정해야 한다.

① 표준원가에 비하여 실제원가가 지나치게 많이 발생하거나 또는 지나치게 적게 발생하는 경우에는 원가분석을 통하여 현행표준의 타당성을 검토하여야

한다.

② 시장가격이 빈번히 변동하는 경우에는 현행표준의 타당성을 검토하여야 한다.

③ 위의 경우 이외에도 정기적으로 표준을 검토함으로써 현행표준의 타당성을 검토하여야 한다.

2. 표준원가의 유형

표준원가를 달성하려는 목표가 되는 동시에 목표수행 행위의 효율성을 평가하는 기준이 된다. 표준원가를 설정할 때 가격과 능률조업도에 관한 다양한 수준에서 어떠한 수준을 선택하는가에 따라서 이상적 표준원가, 현실적 표준원가, 역사적 표준원가로 분류한다.

1) 이상적 표준원가

이상적 표준원가는 기술적으로 달성 가능한 최대조업도에서 최고능률의 작업을 하였을 경우의 이상적인 원가를 말한다. 이상적인 가격수준과 능률수준 및 조업도수준이다. 따라서 감손, 공손, 유휴시간 등에 대한 비용은 원가에 포함하지 않는다. 이 원가는 능률개선을 위한 최종목표이다.

이상적인 표준원가는 현실적인 조건하에서 설정된 것이 아니기 때문에 달성이 거의 불가능할 수도 있으며, 이는 종업원의 근로의욕을 감퇴시키게 된다. 따라서 표준원가계산제도의 목적을 달성하기에는 부적당하다.

2) 현실적 표준원가

현실적 표준원가는 현재 예측할 수 있는 조업도하에서 보통의 노력을 기울이면 달성할 수 있는 작업능률수준에 따라 결정된 표준원가이다. 그러므로 일반적으로 불가피한 감손, 공손, 유휴시간 등을 고려해서 결정한 양호한 능률을 기준으로 하고 있기 때문에 원가계산준칙은 정상표준원가를 표준원가로 사용하도록 규정하고 있다.

3) 역사적 표준원가

역사적 표준원가는 과거의 제조활동에서 실제로 발생한 원가를 집계한 것이다. 일반적으로 평균원가를 사용한다. 이 원가는 과거의 비효율이 포함되어 있어, 경제환경 및 경영환경이 다른 미래의 표준으로 그대로 적용하는 것은 적당치 않다. 그러나 표준설정이 곤란한 경우 또는 표준설정에 많은 비용이 소요되는 경우에는 평균원가를 적절히 수정하여 표준원가로 사용할 수 있다.

3. 표준원가계산의 유용성

표준원가계산에서는 계획 및 통제 등 관리활동에 필요한 원가정보를 제공함으로써 다음과 같은 세 가지의 목적에 유용하게 활용된다.

1) 원가관리

표준원가계산은 달성목표로서의 표준원가와 실제원가를 비교하여 그 차이를 분석함으로써 원가관리에 유용하다. 표준원가에 의한 원가관리활동은 원가차이가 발생하면 수정조치를 취하는 사후적 원가관리뿐만 아니라 실제원가를 표준원가에 일치시키도록 유인하는 사전적 원가관리 활동을 포함한다.

2) 예산편성

표준원가는 사전에 결정된 원가로서 단위당 개념이며, 일정기간의 재무계획으로서 총액개념인 예산과는 차이가 있다. 따라서 표준원가가 설정되어 있으면 생산계획, 자금조달계획 등의 계획과 이러한 계획을 화폐단위로 표현한 예산을 용이하게 수립할 수 있다.

3) 재무제표의 작성

표준원가로 제품원가를 계산하면 기말 재고자산의 평가나 매출원가의 계산이 매우 간단하다. 즉 기말재고자산은 제품재고 수량에 단위당 표준원가를 곱하고, 매출원가는 판매량에 단위당 표준원가를 곱하기만 하면 쉽게 계산된다. 이처럼 표준원가계산은 회계업무를 크게 줄이는 장점이 있다.

제2절 표준원가의 설정

1. 표준원가의 설정

표준원가계산을 실시하기 위해서는 우선 표준원가를 설정하여야 한다. 과거의 원자료를 수집·분석하여 원가행태를 파악하고, 비정상적인 요소를 추출하기 위해서는 기계의 설계나 성능, 제조공정, 종업원 행위 등에 관한 과학적 연구가 있어야 한다. 또한 미래 경제환경의 변화, 기술의 진보 등을 고려하여야 한다.

표준원가는 직접재료비, 직접노무비 및 제조간접비에 대하여 산정하고, 다시 제품원가에 대하여 설정하여야 한다. 원가요소의 표준은 수량과 가격에 대하여 각각 설정하여야 한다. 표준원가는 수량표준과 가격표준의 곱으로 계산하기 때문이다.

표준은 1년 단위 또는 반기단위로 설정하는 것이 바람직하며, 전사적인 동의를 얻기 위해서 생산담당자와 관리담당자 등이 참여하는 표준위원회 같은 조직을 두는 것이 바람직하다.

1) 직접재료원가 표준

직접재료원가에 대한 표준은 제품 1단위의 생산에 소요될 것으로 예상되는 수량표준과 가격표준을 고려하여 설정한다. 제품 1단위의 생산에 필요한 직접재료수량 표준은 생산공정의 기술적 특징을 고려한 산업공학적 추정치를 이용하여 결정하게 되는데, 이때에는 생산과정에서 불가피하게 발생하는 공손이나 감손도 함께 고려해야 한다. 한편 가격표준은 매입할인 등을 고려하여 외부시장가격을 적절히

조정해서 결정한다.

2) 직접노무원가 표준

직접노무비에 대한 표준은 가격표준인 표준임률과 수량표준인 표준노동시간에 의하여 설정된다. 표준임률을 설정할 때에는 임금뿐만 아니라 복리후생비 등 투입노동과 관련된 다른 원가도 고려해야 하며, 또한 노동자의 기술수준도 고려해야 한다.

표준노동시간은 제품 1단위를 생산하는 데 필요한 것으로 예상되는 작업시간의 수로서 여러 가지 표준 중에서 설정하기가 가장 어렵다. 표준노동시간을 결정하기 위해서는 산업공학적 연구인 시간연구와 동작연구가 선행되어야 한다.

3) 제조간접원가 표준

제조간접원가항목들은 직접재료원가나 직접노무원가와는 달리 금액상으로는 작지만 종류는 상당히 많기 때문에, 각 항목별로 표준을 설정하는 것은 비용에 비하여 효익이 크지 않은 것이 일반적이다.

따라서 일정한 기간 동안의 제조간접비 예산액을 동(同) 기간의 예정제조업도 (기준조업도)로 나누어 제품단위에 배부하게 되는데, 동 비율을 제조간접비 배부율이라고 한다. 이러한 제조간접비 배부율은 일정기간 동안의 간접비 예산과 동 예산수립의 기초가 되는 조업도를 어떻게 설정하느냐에 따라 달라지게 되므로, 기준조업도의 선정과 함께 제조간접비를 원가형태에 따라 변동비와 고정비로 분류하는 것이 무엇보다 중요하다.

2. 식음 표준원가계산의 목적

식음 표준원가는 원가통제를 통하여 원가를 합리적으로 절감하려는 경영기법으로 표준원가계산방법이 원가관리에 공헌할 수 있는 원가계산방법이다. 표준원가계산은 외식 및 호텔 식음료 측면에서 설명하면, 사전에 설정된 표준이 되는 원가를 과학적·통계적 방법으로 정하여 놓고, 실제원가와 비교·분석하여 차이를 분석함으로써 보다 효과적인 정보 및 자료에 의한 단위당 원가를 관리하는 데 그 목적을 두고 있다. 표준은 표준분량, 표준량 목표, 구매명세서, 표준산출량에 의해 설정되며, 표준원가에 의한 원가관리의 필요성과 효과는 일반적으로 다음과 같다.

① 원가절감
② 표준원가의 공정한 계산
③ 메뉴 및 표준원가 카드 작성
④ 판매분석이 용이
⑤ 변동원가계산이 용이
⑥ 합리적인 인건비의 계산
⑦ 원가보고서 작성 및 예산 평가
⑧ 경영성과분석 및 측정에 의한 적정한 이익관리
⑨ 장부기장 시 비용의 절감

1) 표준분량

표준분량이란 고시된 가격으로 고객에게 판매되는 모든 음식에 대한 중량, 분량, 크기, 모양, 품질, 수량의 일치를 나타낸 것이다. 또한 표준분량의 목적은 첫째, 고객에게 제공되는 음식의 표준을 유지하여 고객이 지급한 요금에 합당한 가치의 품질을 제공함으로써 고객의 욕구를 충족시키는 데 목적이 있다. 둘째, 과도한 분량의 생산 및 판매로 인한 손실을 방지하여 적정의 원가율을 유지함으로써 목표이익의 실현에 기여하는 데 목적이 있다. 표준분량의 설정과 지속적인 실행은 경영진의 책임에 의해서 과다한 분량으로 소비를 촉진하거나 분량 미달로 고객을 잃지 않도록 하여야 한다.

2) 표준분량의 결정방법

고객이 지급하는 요금을 기준으로 얼마만큼의 원가에 해당되는 분량의 음식을 생산할 것인가를 설정하는 원가접근방법과 대다수의 고객이 원하는 분량을 중심으로 한 양적 접근방법이 있다. 효율적인 분량관리를 위해서는 표준을 설정하여 직원에 대한 교육과 작업과정의 감독을 통한 실행 여부를 확인할 수 있어야 한다.

3) 표준량 목표

표준량 목표는 요리상품의 생산에 소비된 모든 식재료와 그 사용량, 조리방법을 표시한 기록으로 고객에게 항상 균일한 질의 상품을 제공케 하여 주는 지침서로서의 역할과 경영자로 하여금 정확한 원가를 산출할 수 있도록 하여 적정 판매가의 산출을 가능하게 해준다. 또한 표준원가와 실제원가의 차이를 분석함으로써 보다 효과적인 정보 및 자료에 의한 원가관리를 할 수 있게 한다.

즉 1개 품목 혹은 1인분을 만드는 데 필요한 식재료명, 양, 원가, 총원가, 판매가를 일목요연하게 기록한 양식이라고 할 수 있다.

표준량 목표의 작성은 요리의 명칭과 사용 식자재, 그 사용량과 단위가격을 일정한 서식에 따라 기입한다. 또한 합리적인 음식생산의 처방서라 할 수 있을 뿐만 아니라, 상품가격을 결정하는 근거가 되고, 공정과정에 재료의 낭비가 없도록 설정한 지시서라고 할 수 있으며, 이의 목적은 다음과 같다.

(1) 표준량 목표의 목적

① 특정음식의 식재료 원가를 산정하는 기준이 되며, 원가에 의한 판매가격의 설정에 도움을 주고자 하는 데 있다.
② 표준식재료 원가를 산정하는 데 도움을 주고자 하는 데 있다.
③ 품질의 음식조리에 일관성을 유지·관리하는 데 있다.
④ 음식의 표준화와 식재료의 공급관리에 도움을 주고자 하는 데 있다.
⑤ 조리사의 업무숙련에 도움을 주고자 하는 데 있다.

(2) 양목표의 표준화 원칙

품질, 양, 절차, 시간, 온도, 장비, 산출량이 시험된 양목표를 표준량 목표라 할 수 있다. 또한 양목표 활용에 의하여 항상 모든 측면에서 같은 상품을 생산하고 품질을 통제, 관리할 수 있으므로 효과적인 관리도구로 보아야 하며, 간단하고 이해하기 쉬운 언어, 읽기가 쉬운 형태, 표준단위를 활용한다. 이러한 양목표를 표준화하여 사용할 때의 장점은 다음과 같다.

[양목표의 표준화 시 장점]

① 이용될 재료, 절차, 장비를 명확하게 해주기 때문에 직원이 다르다고 해서 음식의 품질이나 양이 달라지지 않음
② 양목표의 원가를 쉽게 분석할 수 있게 함
③ 음식의 품질을 예측할 수 있고, 향후 개선방향을 파악할 수 있음
④ 이용될 양과 재료를 정확히 알 수 있기 때문에 구매가 용이함
⑤ 분량과 장비가 정해져 있기 때문에 분량을 통제함
⑥ 메뉴음식의 판매가격을 결정하는 데 도움이 되고, 재료원가의 변화가 있을 때 가격의 변화를 용이하게 함
⑦ 이용시간과 절차가 표준화되어 있기 때문에 근무조를 편성하는 데 도움이 됨
⑧ 음식의 품질과 크기가 일관되기 때문에 고객만족을 충족시켜 줌
⑨ 빈약한 관리와 음식조리가 잘못될 기회를 줄여줄 수 있고, 혼돈을 피할 수 있음

(3) 표준조리 양목표

표준조리 양목표는 외식업 경영목적에 부합되는 자체 표준으로서의 품질과 분량규격에 맞는 특정의 요리를 생산하기 위하여 선정된 요리의 표준에 대한 기술서이다. 표준조리 양목표는 다음과 같다.

① 표준요리에 대한 식자재 원가산정의 기준이 되며 원가에 의한 판매가격의 산출에 기여한다.

② 표준식자재원가의 산정에 기여한다.

③ 요리생산에 일관성을 유지한다.

④ 요리 및 제품의 표준화와 식자재의 공급 및 관리에 기여한다.

⑤ 조리사들의 업무, 숙련도 측정 및 교육훈련 등의 관리에 기여한다.

⑥ 판매가 결정은 식당의 형태와 요리에 따라 차이가 있으나 일반적으로 원가의 2.5~3배 선에서 결정된다.

$$원가율(Cost\ Percentage) : \frac{원가(Portion\ Cost)}{판매가(Sales\ Price)} \times 100(\%)$$

 문제

소고기 안심스테이크의 판매가는 25,000원이며 투입된 식자재 원가는 8,000원일 때 안심스테이크 원가율은 얼마인가?

답 원가율: $\frac{8,000원}{25,000원}$ = 32%

 문제

소고기 안심스테이크를 만드는 데 투입된 식재료는 다음과 같다. 소고기 안심 150g, 당근 120g, 양송이 80g일 때 원가를 각각 구하라. 단, 구매단가는 소고기 1kg 32,000원, 당근 1kg 6,000원, 양송이 1kg 8,000원일 때 합계는 6,160원이다.

답 소고기 안심 32,000원 $\times \frac{150g}{1,000g}$ = 4,800원

당근 6,000원 $\times \frac{120g}{1,000g}$ = 720원

양송이 8,000원 $\times \frac{80g}{1,000g}$ = 640원

4) 표준원가의 유용성과 한계

표준원가는 계획목적, 통제목적, 제품원가계산 목적에 사용되고 있다. 계획목적과 통제목적은 관리회계상의 목적이며, 제품원가계산 목적은 원가회계상의 목적이라 할 수 있다.

① 표준원가를 설정하면 현금조달계획, 원재료구입계획 등의 계획과 이러한 계획을 금액으로 표시하는 예산을 쉽게 작성할 수 있다.

② 표준원가를 설정하면 작업을 진행하는 동안 실제투입량 및 실제원가 표준을 기초로 설정한 통제한계 내에서 발생하고 있는지를 즉시 파악할 수 있으므로 예외에 의한 관리를 실시할 수 있다.

표준을 지나치게 낮게 설정한 경우 종업원들이 표준을 너무 쉽게 달성할 수 있어서 표준이 표준으로서의 역할을 제대로 수행하지 못한다.

반면에, 달성하기가 지나치게 어려운 표준은 종업원의 성과가 계속 낮게 평가되므로 종업원의 사기를 저하시킨다. 동기부여를 위해서는 다소 어렵지만 종업원들이 합리적이면서 달성가능하다고 느끼는 표준으로 설정하는 것이 바람직하다.

③ 표준원가를 사용하여 제품원가를 계산하고 회계처리하는 경우에는 기장업무가 간소화되기 때문에 오늘날 일부기업들은 제품원가계산 목적으로도 표준원가를 많이 사용하고 있다.

STANDARD RECIPE WORK SHEET

RESTAURANT:		CLASS: Hot Sauce		
MENU ITEM: Tomato sauce				
KOREAN NAME: 토마토소스				
YIELD: 2.5Lit	PORTION: 12.5		DATE:	
TOTAL COST: 4,720원	MENU PRICE: 15,000원		COST: 31.46%	

Ingredient	Q``ty	U/uc	Cost	Ingredient	Q``ty	U/uc	Cost
Salad Oil	30cc	1kg/3,520	106	Chicken Base	10g	680g/1,830	27
Garlic Crushed	20g	1kg/3,140	63	Oregano Leaves 1t	1g	150g/5,750	38
Onion Diced	100g	1kg/900	90	Rack Salt	20g	15kg/5,800	8
White wine	100cc	5L/16,500	330	Sugar White	30g	15kg/13,095	26
Tomato #9	2,550	2.55/3,700	3,700	Black Pepper Ground 1t	1g	450g/5,000	11
Water	0.4Lit			Chili Powder 1t	1g	1kg/15,000	15
				Salt Hanju 1t	1g	3kg/1,500	0.5
				Olive Oil	30cc	1L/8,800	264
				Corn Starch	20g	22kg/12,200	11
				Fresh Basil	5g	100g/600	30
			4,289				430.5

Miscellaneous: 3%(단위당 원가에 141원 추가했을 때 총원가 4,861원)

PREPARATION INSTRUCTION

1. 토마토: 캔의 토마토를 껍질을 제거하고 손으로 주물러서 준비한다.
2. 야채: 양파는 다이스, 마늘은 으깨서 준비한다.
3. 양념: 믹스하여 준비한다.
4. 소스 끓이기: 스톡용기에 오일을 두르고 으깬 마늘을 갈색이 나도록 볶는다.
   양파를 넣고 색이 나지 않게 볶아 와인으로 데글라세하고 ①의 토마토를 넣고 끓인다.
   은근한 불로 끓이면서 양념을 넣고 30분 정도 끓인다.
5. 농도: 옥수수 전분으로 농도를 맞추고 불을 끄고 올리브 오일과 프레시 바질을 넣어 마무리한다.
   *믹서로 갈면 토마토의 색상이 변한다.
   *고유의 토마토 맛을 얻으려면 과다한 야채 및 향신료를 피하는 것이 좋다.
   *은근한 불조정이 필요하고 양에 따라 시간조절이 필요하다.

제**3**절 표준원가의 차이분석

1. 표준원가 차이분석의 기본원리

표준원가계산에서는 실제원가와 표준원가를 비교하여 원가차이를 분석하며, 이를 원가통제 및 성과평가의 목적으로 이용하고 있다.

[원가차이분석의 목적]

자료: 김기명, 최신원회계, 두남, 2004, p.347.

원가차이는 실제원가와 표준원가의 차이를 말하며 이를 총차이라고 한다. 즉 총차이는 다음과 같은 이유로 가격차이와 능률차이로 구분한다.

① 일반적으로 구입가격에 대한 통제와 사용수량에 대한 통제가 서로 다른 시점에서 이루어지기 때문이다. 예를 들어 직접재료원가의 경우 직접재료의 가격에 대한 통제는 구입시점에서 이루어지지만, 직접재료의 사용에 대한 통제는 생산투입시점에서 이루어진다.

② 구입가격에 대한 책임부분과 사용수량에 대한 책임부분이 서로 다르기 때문이다. 예를 들어 직접재료원가의 경우 가격에 대한 통제는 구매부분에 의해 이루어지지만, 수량에 대한 통제는 생산부분에서 이루어진다.

③ 원가차이는 유리한 차이와 불이한 차이로 구분된다. 유리한 차이(favorable

variance)는 실제원가가 표준원가보다 적게 발생하여 영업이익이 증가하는 차이를 말하며, 불리한 차이(unfavorable variance)는 실제원가가 표준원가보다 더 많이 발생하여 영업이익의 감소되는 차이를 말한다. 그러나 유리한 차이가 반드시 좋고 불리한 차이는 반드시 나쁘다는 의미는 아니라는 점에 유의해야 한다. 예를 들어 직접재료의 가격차이의 경우 표준가격보다 낮은 가격으로 재료를 구입하면 유리한 차이가 나타난다. 그러나 이것이 재료의 시장가격이 하락함으로써 발생한 것이라면 진실로 유리한 차이라고 할 수 없다. 또한 이러한 유리한 차이가 품질이 낮은 재료를 낮은 가격으로 구입함으로써 발생했다면 이것 또한 진실로 유리한 차이라고 할 수 없을 것이다.

[차이분석의 일반적 모형]

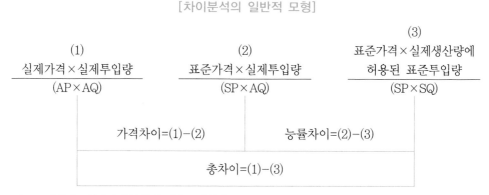

자료: 김성기, 원가관리회계의 기초, 경문사, 2001, p. 410.

한편 각 원가요소마다 원가차이의 명칭이 다른데, 각각의 구체적인 명칭을 요약하면 다음과 같다.

원가요소	가격차이	능률차이
직접재료원가	가격차이	수량차이(사용차이)
직접노무원가	임률차이	능률차이
변동제조간접원가	소비차이	능률차이

1) 총차이

총차이(total variance)는 실제가격(AP)에 실제투입량(AQ)을 곱한 실제원가와 표준가격(SP)에 실제산출량에 허용된 표준수량(SQ)을 곱한 표준원가 사이의 차이를 말한다.

$$총차이 = 실제원가 - 표준원가 = (AP \times AQ) - (SP \times SQ)$$

2) 가격차이

가격차이(price variance)는 실제가격(AP)에 실제투입량(AQ)을 곱한 금액과 표준가격(SP)에 실제추입량(AQ)을 곱한 금액 간의 차이를 말한다. 즉 가격차이는 실제원가와 실제투입량에 대한 표준원가와의 차이이며 실제투입량을 고정시킨 상태에서 나타나는 실제가격과 표준가격의 차이를 말한다.

표준가격이란 투입요소(재료비, 노무비)에 지급했어야 하는 가격을 의미한다. 표준가격이 실제 지급한 가격보다 낮으면 그 차이를 불리하다고 하고 표준가격이 실제지급한 금액보다 높으면 그 차이를 유리하다고 한다.

$$가격차이 = (실제가격 - 표준가격) \times 실제수량$$
$$= (AP \times AQ) - (SP \times AQ)$$

3) 능률차이

능률차이(efficiency variance)는 표준가격(SP)에 실제투입량(AQ)을 곱한 금액과 표준가격(SP)에 실제산출량에 허용된 표준수량(SQ)을 곱한 금액 간의 차이를 말한다.

표준가격을 고정시킨 상태에서 실제투입량과 표준투입량의 차이를 말한다.

표준투입량이란 실제 산출량에 투입했어야 하는 수량 혹은 허용되는 수량을 의미한다. 표준투입량이 실제투입한 수량보다 적으면 그 차이를 불리하다고 하고 표준투입한 수량보다 많으면 그 차이를 유리하다고 한다.

$$
\begin{aligned}
능률차이 &= (실제투입량 - 표준투입량) \times 표준가격 \\
&= (SP \times AQ) - (SP \times SQ)
\end{aligned}
$$

4) 직접재료비 차이

직접재료비 차이는 실제 직접재료비와 실제 산출량에 허용된 표준 직접재료비의 차이를 말하는데, 이것은 직접재료비 가격차이와 직접재료비 능률차이로 나누어진다.

$$
\begin{aligned}
직접재료비의 총차이 &= 실제원가 - 실제산출량에 허용된 표준투입량의 표준원가 \\
&= (AP \times AQ) - (SP \times SQ)
\end{aligned}
$$

AP = 재료비의 단위당 실제가격

AQ = 직접재료의 실제수량

SP = 직접재료의 단위당 표준가격

SQ = 실제산출량에 허용된 직접재료의 표준수량

직접재료비 가격차이는 직접재료의 수량을 실제적으로 고정시킨 상태에서 직접재료의 가격변화가 원가에 미치는 영향을 나타낸다. 이를 식으로 나타내면 다음과 같다.

직접재료비 가격차이 = 실제원가 − 실제수량에 대한 표준원가

$$= (AP \times AQ) - (SP \times AQ)$$

직접재료비 능률차이 = 실제사용수량에 대한 표준원가

− 실제산출량에 허용된 표준투입량의 표준원가

$$= (SP \times AQ) - (SP \times SQ)$$

문제

원재료 50,000단위(재료비 100,000원)로 제품 50,000원 단위를 생산하는 표준예산을 수립하였다. 당기에 실제 생산품은 50,000단위였고, 원재료는 45,000단위 투입되었으며, 원재료의 단위당 원가는 2.10원이었다. 직접재료비의 가격차이와 능률차이를 구하면 얼마인가?

답

5) 직접노무비 차이

직접노무비는 실제노무비와 실제산출량에 허용된 표준노무비와의 차이인데, 이는 직접노무비 가격차이와 직접노무비 능률차이로 나누어진다. 이러한 관계를 수식으로 나타내면 다음과 같다.

직접노무비 총차이＝실제원가 – 실제산출량에 허용된 표준투입시간에 대한 표준원가

$$= (AP \times AQ) - (SP \times SQ)$$

AP = 직접노동시간당 실제임률

AQ = 실제노동시간

SP = 직접노동시간당 표준임률

SQ = 실제산출량에 허용된 표준직접노동시간

직접노무비 가격차이 = 실제원가 – 실제투입시간에 대한 표준원가

$$= (AP \times AQ) - (SP \times AQ)$$

직접노무비 능률차이 = 실제투입시간에 대한 표준원가

– 실제산출량에 허용된 표준투입시간에 대한 표준원가

$$= (SP \times AQ) - (SP \times SQ)$$

문제

당기에 4,000개의 제품을 생산하였으며 관련 자료는 다음과 같다.

- 실제 직접노무비 발생 5,400,000원
- 실제 직접노무시간 4,000시간
- 제품 1단위당 허용된 표준노무비 1,500원
- 제품 1단위당 허용된 표준노동시간 0.8시간

직접노무비의 가격차이와 능률차이를 구하면?

답

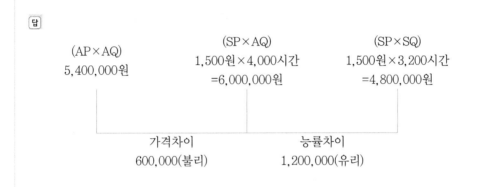

(AP×AQ)	(SP×AQ)	(SP×SQ)
5,400,000원	1,500원×4,000시간 =6,000,000원	1,500원×3,200시간 =4,800,000원

가격차이 600,000(불리)   능률차이 1,200,000(유리)

제**4**장

구매 · 조달관리

제4장 구매·조달관리

제1절 구매·조달의 개념

1. 구매관리의 개념

구매관리(purchasing management)란, 생산계획에 따른 재료계획을 기초로 하여 생산활동을 수행할 수 있도록 생산에 필요한 자재를, 양호한 거래선으로부터 유리한 조건으로, 적절한 품질을 확보하여 적정한 시기에, 필요한 수량을, 최소의 비용으로 구입하기 위한 관리활동이라고 정의할 수 있다.

또한 시장조사와 경쟁입찰을 통하여 공급자를 선정한 뒤 적정한 구매조건을 통한 대금지불을 결정한 후 적당한 시기에 적당량이 납품되도록 관리하며, 물품의 검수, 저장, 지급, 원가관리 등 사무처리를 정확하게 하는 활동과정이라고 할 수 있다.

구매활동에는 토지, 건물, 기계, 비품, 설비, 원재료, 노동력의 조달이 포함되나, 실제 순수한 의미의 구매관리대상, 즉 협의의 의미로서의 구매란 원재료나 제품의 구매활동을 말한다.

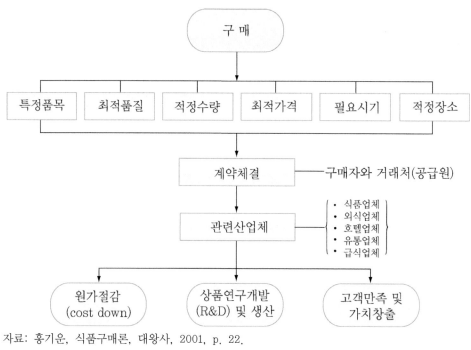

자료: 홍기운, 식품구매론, 대왕사, 2001, p. 22.

[구매의 개념적 범위]

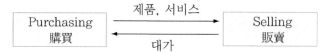

자료: 박대환, 공기열 호텔외식구매관리론, 기문사, 2007, p. 13.

[구매와 판매의 관계]

　일반적으로 구매관리(purchasing management)란 조직의 경영목적에 부합하는 생산계획을 달성하기 위하여 생산에 필요한 특정물품을 구매할 수 있도록 계획·통제하는 관리활동을 의미한다.

[구매와 조달의 차이]

구분	구매(purchasing)	조달(procurement)
의미	· 일정한 대가를 지급 · 대금지급(화폐 등)을 통한 가치교환의 수단 · 물자와 용역에 국한 · 조달에 비해 좁은 개념	· 기업 내·외로부터 무상획득, 자급자족 형태 · 유가물(화폐 등) 이외에도 다양함 · 물자용역, 자재, 자금까지도 포함 · 구매에 비해 넓은 개념
대상	물자와 용역에 국한	재고통제, 수입, 창고관리, 검사를 포함하는 기능

자료: 박정숙, 식품구매론, 효일, 2006, p. 14.

2. 조달관리의 개념

자재는 생산계획이나 자재관리부서의 요구에 의해 조달된다. 이때 구매부서는 일정한 규격의 표준품목에 일정한 관행이 존재하는 경우 보통 여러 공급업체로부터 경쟁입찰을 받아 조달하게 된다. 따라서 조달관리(procurement)는 단순히 구매관리와 구분되어 필요자재를 구매하기에 앞서 필요한 정보를 수집하고 자료를 조사하는 모든 과정을 의미한다.

조달계획 내용은 다음과 같다.

① 생산계획에 따른 자재소요량 조사
② 재고자재를 파악하고 구입할 자재의 리스트 선정
③ 대용자재의 유무를 조사, 검토
④ 마케팅조사
⑤ 납기적합성 검토
⑥ 구매방법에 따른 가격차이 조사, 검토
⑦ 구매의 어려운 정도, 시장여건 및 계절적인 상황의 판단

이렇게 조달계획에 따라 생산에 필요한 자재를 획득하는데, 이때 조달을 넓은 의미의 구매에 포함시키기도 한다. 또한 구매를 좁은 의미로 볼 때 조달수단의 구매(buying)와 외주(outsourcing)로 분류할 수도 있다.

제2절 구매관리의 중요성

1. 구매관리의 중요성

구매관리는 구매전문부서(조달팀, 구매팀, 구매과 등)를 두고 구매관련 조직을 총괄하여 모든 조직활동의 분업화·세분화를 토대로 기업의 구매관리활동이 이루어지고 있다. 따라서 생산시설의 기계화·과학화·전산화·정보화 및 고도의 산업분화를 통하여 구매활동이 행해지고 있으며, 기업활동 면에서나 가정경제 면에서 매우 중요한 위치를 차지하고 있다.

구매관리활동 면에서의 중요성을 살펴보면 다음과 같다.

① 구매하기 위한 상품의 철저한 분석 및 검토
② 적절한 구매를 통한 질 좋은 상품구입
③ 서비스는 납기, 포장, 운송, 지급조건, 품질보증, 거래조건 등 토털서비스(total service) 의미를 함축
④ 가능한 싼 값으로 필요한 양을 적기에 구입하고 공급하되, 경쟁적 상관관계 유지
⑤ 구매의 경쟁을 위해 세밀한 시장조사 실시
⑥ 독·과점 상태의 상품도 공급자를 복수거래 상태하에서 경쟁적 구매체계의 확립

1) 기업활동 측면에서의 구매관리

최근의 기업은 생산시설이 고도화·기계화·시스템화되어 가는 추세에 있다. 현재 경제성장의 발달로 인하여 제품의 가격 중 노무비가 차지하는 비중보다 재료비가 차지하는 비중이 커지게 되어 필요한 원재료를 언제, 어디서, 누가, 어떻게 구입하느냐가 기업경영에 큰 영향을 미치기 때문에 기업활동 측면에서의 구매관리는 매우 중요하다고 볼 수 있다.

2) 가정경제 측면에서의 구매관리

생산과 소비가 분리되어 이의 매개역할을 하는 구매는 가정생활에 필요한 물품을 모두 시장에서 구입해야 한다. 따라서 구매활동의 여부에 따라 가정경제와 소비생활에 큰 영향을 주기 때문에 가정경제 측면에서의 구매관리는 가계소득과 소비지출의 적정범위 내에서 효율적으로 이루어져야 한다.

3) 구매관리의 효과

체계적이고 바람직한 구매관리를 통해 효율적인 구매활동이 이루어지며 전문성이 향상될 뿐 아니라, 원가절감, 나아가 양질의 제품을 생산하고 고객만족에 의한 매출증가를 기대할 수 있다.

(1) 효율적인 구매관리의 기대효과

① 원활한 물품제공: 시장조사, 복수의 고정거래선 확보, 분할납품, 적정재고량 유지 등으로 가격인상이나 품절 또는 돌발적 사용량 증가에 대비한다.

② 비용절감: 적정가격에 구입하며 품질, 보증기간, 재고량, 유지관리비 등을 종합적으로 고려하여 총비용의 최소화에 초점을 맞춘다.

③ 품질관리: 납품업체 개발 및 시장조사의 결과로 양질의 공급업체 및 제품을 공급받음으로써 고객만족도를 향상시킨다.

④ 표준화: 적정한 가격에 안정적으로 공급받을 수 있으므로 품질과 가격 면에

서 표준화가 이루어지며 이를 통해 고객의 만족도 및 비용절감의 효과를 가질 수 있다.

2. 구매관리의 원칙

1) 기업이익의 증대

기업에서 구매는 생산성 향상과 관련 없이 기업의 이익을 창출할 수 있는 중요성을 갖는다. 생산활동을 수행하기 위해서는 생산계획에 따라 소요량만큼 자재를 외부로부터 구입하여야 하는데, 이때 자재구매비를 절약함으로써 기업의 이익을 증대시키게 된다.

2) 기업의 원가절감

기업은 생산계획에 의해 필요한 원·부자재를 조달하게 되므로 생산활동의 선행활동으로서 기업경영에 중요한 역할을 하게 된다. 그리고 기업운영자금의 거의 절반을 사용함으로써 자금운용과정에서 내부이익을 제일 먼저 창출하는 역할인 원가절감활동을 수행하게 된다.

3) 기술혁신의 원동력

기업이 구매활동을 하는 과정에서 제품의 중요한 부분을 차지하는 원·부재료가 있을 경우 이를 낮은 가격으로 구입하는 방안을 찾거나 기술혁신의 원동력이 될 수 있다.

4) 재료비의 절감

재료비는 원가의 구성 중에서 제일 큰 비중을 차지하므로 재료비의 절감은 비용발생 없이 기업의 이익창출에 기여한다. 따라서 구매부분은 제조와 설계부분에 대해 서비스를 제공하면서 기업의 이익을 창출하는 중요기능이 된다.

5) 구매와 타 기능 부분과의 관계에서 중요성

첫째, 생산부분과 관련하여 생산계획에 의해 필요한 자재소요량을 양질의 것으로 확보하는 것이므로 생산이 차질 없이 진행될 수 있도록 할 뿐만 아니라 완성된 제품의 품질을 결정해 주는 중요한 기능을 제공한다.

둘째, 기술부분과 관련하여 기술부분에서 원·부자재에 대한 요구를 구매부서에서는 시장가격조사 결과 기업의 내규에 따라 구매결정을 하므로 이와는 차이가 있을 수 있다.

셋째, 판매부문과 관련하여 자재가격의 상승 혹은 인하, 조달기간 등은 판매부문에 제약을 주고 완제품의 규격, 수량, 납기 등은 구매부문에 제약을 가하는 경우가 있다. 따라서 이들 두 부문 간의 상호 협조가 필요하다.

넷째, 창고부문과 관련하여 특정자재의 사용빈도, 불량률 등은 창고부문의 자료에 의존하고, 적정재고수준의 유지는 구매부문의 협조가 필요하므로 두 부문 간에도 상호 협조가 필요하다.

3. 식자재 구매관리의 중요성

외식업체에서의 식자재 구매활동이란 음식생산에 필요한 식재료를 적정 거래선으로부터 최적 품질을 확보하여 필요한 시기에 적정수량을 최소 비용으로 구입할 목적으로 구매활동을 계획·실시·통제하는 관리활동을 의미한다. 외식업체에서는 적절한 식자재 구매활동을 통한 원가절감을 기대할 수 있고, 양질의 구매를 통하여 고객만족에 의한 매출증가를 기대할 수 있다. 따라서 구매하고자 하는 물품은 철저히 분석·검토하고 우수한 물품의 구입·납입·포장·운송·지급조건·품질보증·거래조건 등을 면밀히 검토하여 가능한 저렴한 가격으로 필요한 수량을 적기에 구입하여야 한다.

외식업체에서의 구매업무는 조리업무, 판매업무와 함께 경영활동의 기초로 특히 음식생산에 필요한 식자재의 구매는 다른 제품의 생산을 위한 원자재 구매와는 다르므로 외식업체의 구매담당자는 식자재가 갖는 특성, 선택요령, 유통환경에 대한 충분한 지식을 갖추고 있어야 한다.

[외식업체에서 구매관리활동의 업무]

주요 업무		단위업무
대분류	소분류	
식음	구매	식자재 구매관리
		견적단가설정
	물류	원재료창고 운영 및 관리
		식자재배송
	구매관리	식자재검수요령
		식자재관리요령
		신규업체 개발 및 등록
	수급관리	대금지급요령
		월말 결산마감요령
		비축품 단건 마감요령
	연구개발	시장, 산지조사
		동종업체 구매동향조사

자료: 박정숙, 식품구매론, 효일, 2006, p. 16.

4. 구매절차

구매절차는 구매활동의 시작부터 완료될 때까지의 각 단계별 전체 진행과정을 의미한다. 특히 구매활동의 각 단계에서 이루어지는 구매업무는 상시적·정기적·간헐적·상황변수적인 상태로 수행하게 되는데, 신속하면서 경제적인 효율성의 바탕하에서 진행되어야 한다. 또한 구매활동은 구매계획, 조직규모, 구매방침, 구매

유형에 따라 다르지만, 일반적으로 아래의 그림과 같은 세부적인 구매절차를 통해서 구매활동이 이루어진다.

자료: 홍기운, 식품구매론, 대왕사, 2001, p. 182.

1) 정책 및 상품의 결정단계

식품구매와 관련된 구매활동에 있어서 식품, 외식, 급식, 유통, 호텔업체와 같은 경우는 대부분이 기업차원에서 전문적·체계적·대량적으로 이루어지고 있다. 대량시스템하에서의 구매활동은 기업 경영계획의 일환으로 전사적인 정책수립의 결정이 수반된 상태에서 구체적인 전략과 전술이 기획·개발되며, 사전에 판매 및 생산계획을 토대로 하여 구매계획이 수립되는 것이다. 이것은 주로 마케팅전략을 중심으로 한 상품전략 측면과 연관하여 시장조사에서부터 상품의 기획과 개발, 원가와 판매가, 그리고 식재료 규격과 품질수준을 결정하는 단계로 기업의 방침계획에 포함된다.

2) 구매물품 및 소요량의 결정단계

일반적으로 구매부서는 기업의 경영계획에 의거하여 각 영업장 또는 생산관련부서에서 요청되는 품목이나 소요량의 물품구매를 관리하고 지원하는 업무를 수행하는 권한과 책임을 가지고 있다. 구매와 관련되어 가장 많은 구매를 필요로 하는 곳이 생산부서(식품공장, C/K: Central Kitchen)이며, 창고관리부서는 재고량이 일정시점에 도달할 때 적정재고량을 확보하기 위해서 필요하다. 또한 각 영업장이나 생산부서에서는 재주문시점이나 최적재고유지를 위해 구매요구서를 이용한 물품의 소요량을 구매부서에 요청하게 되는데, 이때 요청부서와 구매부서 간에는 물품의 품목, 품질, 용도, 규격 등에 대해서 충분한 협의가 있어야 한다.

3) 재고량조사 및 발주량의 결정단계

각 영업장이나 생산관련부서에서 물품에 대한 구매요청이 들어오면, 구매부서의 담당자는 종합적 상황판단하에서 주문할 발주량을 결정하게 되는 것이며, 제품의 배합비(표준 레시피)로부터 식재료의 소요량을 산출하게 된다. 이때 비저장품인 물품은 산출된 재고소량을 구매량으로 결정하여 발주하게 되지만, 저장물품은 창고의 재고량을 사전에 조사한 후 적정재고량에 미치지 못한 부족한 물품에 대해서만 발주를 결정하게 된다. 특히 발주량을 결정할 때는 품목별 투입(put-in)과 산출(put-out)의 수율(yield)을 고려해야 하고, 경제적 발주량을 통한 적정재고를 유지한 상태에서만 비용지출 및 원가관리의 효율성이 나타나게 된다. 즉 과다재고는 창고관리에 소요되는 비용지출이 커지게 되고, 과다구입물품에 대한 자금운용의 제약

요소로 작용하며, 재고부족은 고객에 대한 상품판매부재로 인해 실기현상을 초래하기 때문이다.

4) 구매명세서 및 발주서의 작성단계

구매명세서는 물품구매와 관련된 모든 내용, 즉 상품명(품목명), 품질특성, 용도(활용처), 규격 및 기타 특별사항 등을 수록한 양식이며, 물품명세서 또는 시방서라고도 한다. 구매명세서는 구매부서에서 공급업체와 쌍방 간에 이해할 수 있는 양식으로 작성하고, 구매발주서와 함께 공급업체로 송부된다. 또한 이것은 검수, 창고관리, 사용부서에서 보관 유지하면서 구매활동의 직무를 수행하게 되지만 근래에는 대부분 전산화시스템을 활용하고 있다.

한편 구매요구서는 구매청구서 또는 구매의뢰서라고도 불리며, 이것은 사용부서에서 작성하게 되는데, 필요한 물품에 대하여 구매부서로 청구하게 되면 구매관련 담당부서에서는 단독 혹은 각 관련부서별로 취합하여 발주하게 된다. 이때 재고물량을 사전에 파악한 후 경제적인 발주를 해야 한다.

5) 공급처의 선정단계

공급처는 거래처 혹은 거래선, 납품처라고도 하는데, 구매업체의 측면에서는 필요한 물품에 대한 공급조건을 충족시킬 수 있는 거래처를 선정한 다음, 계약체결에 의해 구매활동이 이루어진다. 대체로 공급처는 필요한 물품과 수량을 적절한 시기에 좋은 품질과 저렴한 가격으로 구매하고자 할 때 먼저 식재료의 공급처와 유통경로를 파악하여 지리적 위치, 인적 관리, 생산능력, 가격경쟁력, 자본력, 신용도, 납기이행능력 등을 고려하여 공급처를 선정하는 것이다. 또한 체계적인 공급처관리를 위해서 거래선 등록신청서를 작성하여 보관하게 된다.

6) 물품의 검수 및 수령단계

공급처를 선정하여 발주한 물품에 대해서는 납품기일의 준수를 위해서 확인과

독촉을 해야 하며, 납품된 물품에 대해서는 공급처에서 구매업체에게 송부한 거래명세서와 구매업체에서 주문한 구매발주서의 내용과 구매명세서에 기술한 내용을 근간으로 적합성 여부에 대한 검수를 하게 되는데, 물품의 하자발생의 경우는 반환조치를 취하고, 그렇지 않은 경우에는 물품을 인수하여 저장하고 검수기록표에 기재하는 단계이다.

7) 물품의 저장관리단계

검수된 물품은 꼬리표(tag)를 부착하여 저장창고로 이동되지만, 상황에 따라서는 생산부서나 각 영업장으로 직접 이동하는 경우도 있다. 저장창고에 입고된 물품은 사용부서의 요구에 의해 출고되며, 창고담당자에 의해 입·출고 및 재고관리가 이루어지는 단계이다.

8) 공급처 및 물품의 종합평가단계

구매물품에 대한 품질 및 상태와 공급처에 대한 서비스 및 신뢰도를 종합적으로 평가하여 차후의 구매활동에 반영하고 대금지불을 완료한다.

5. 구매가격 결정 시 고려요인

① 구매예산
② 구매량
③ 기존구매가격
④ 품질(사양, 제품수명주기, 브랜드, 사후관리)
⑤ 원가구조
⑥ 브랜드, 업체의 신용도
⑦ 경쟁상품가격

6. 기타 구매관리의 업무

① 월별이나 연별로 구매현황을 집계 보고한다.

② 중요품목이나 금액이 큰 경우에는 발주서 작성 외에 별도로 계약을 체결한다.

③ 특수한 물품은 현금을 지참하여 시장에서 직접 구매한다.

④ 정기적으로 시장조사, 업체조사를 하여 가격동향을 파악하고 우량업체를 개발한다.

⑤ 업체정보지, 물가자료지를 구독하여 숙지하고 카탈로그를 수집한다.

⑥ 구매직원에 대한 정기적인 교육훈련을 실시한다.

⑦ 정기적으로 업체를 평가하여 우수업체를 포상한다.

⑧ 수시로 업체를 체크하고 우량업체를 선별한다.

⑨ 지방호텔의 경우 고속화물로 배달되는 물품을 수령한다.

제3절 구매시장조사

1. 구매시장조사의 의의

구매시장조사란 구매활동에 필요한 자료를 수집하여 이를 분석·검토하고 보다 좋은 구매방법을 발견함에 따라 그 결과를 구매방침 및 결과에 적용하여 비용의 절감과 이익증대를 도모하기 위한 과학적인 조사기법을 말한다.

구매시장조사는 가격변동, 수급상황, 신자재 개발 공급업체의 동향 등이며, 먼저 구매품에 관한 종류, 성질·품질·성능·가격·유사품·대체품·생산자·공급자·판매경로·수급관계 등을 조사하여 항상 새로운 정보를 수집하는 데 있다.

① 신제품 설계 재료의 종류는 최적이며 경제적인가, 어디서 구할 수 있는가, 취

득기간은 어떠한가 등을 조사한다.

② 제품개량, 기존제품의 판로개척이나 원가절감을 주요 과제로 하여 조사한다.

③ 유리한 공급시장의 탐색 재료별로 기존보다 더욱 유리한 공급시장은 없는지 조사한다.

④ 가격결정의 자료설정, 일반시장은 갖지 않는 특수품의 가격결정을 참고하여 유사품이나 동류품의 가격구성 내용을 조사한다.

⑤ 적절한 구매계획의 수립 및 어떠한 재료를 언제, 어디서, 얼마로 구매할 것인가를 조사한다.

2. 구매형태

구매형태는 구매하려 계획한 물품의 선정, 구매량, 시장조건, 조직의 규모, 입지조건, 구매부분의 업무범위에 따라 다르다.

1) 집중구매와 분산구매

① 집중구매

본사구매·중앙구매라 하며, 조직체에서 필요로 하는 물품을 한 개의 업소나 특정 조직부문(구매부서)에 집중시켜 구매하는 방법으로 고가품이나 조직 전체에서 공통적으로 사용하는 물품, 수량, 사용품목, 구매절차가 복잡한 물품의 구매에 주로 이용된다.

② 분산구매

현장구매·독립구매라고도 하며, 각 사업소나 조직 내 부문별로 필요한 물품을 분산하여 독립적으로 구매하도록 하는 방법으로서 시장성품목, 구매지역에 따라 가격의 차이가 없는 품목, 소량품목, 사무용 소모품 및 수리부속품의 구매에 유리하다.

2) 정기구매와 수시구매

① 정기구매

계속적으로 사용되는 물품의 구입 시에 이용되는 구매방법으로, 재고량이 일정한 양에 도달되었을 때 자동적으로 구입되거나 생산계획에 입각하여 정기적으로 구입되는 경우가 있다.

② 수시구매

사용부서에서 구매요구서가 있을 때마다 수시로 구매하여 공급하는 방식으로 비정상적이며 돌발적으로 이루어지는 방법이다.

3) 당용구매와 장기계약구매

① 당용구매

당장 필요한 물품을 즉시 구매하는 방법으로, 최소한의 필요에 부합할 수 있는 구매방법을 말하며, 소요시기가 결정되어 있는 품목, 계절품목 등 일시적인 수요품목, 비저장품목 등의 구매에 적당하다.

② 장기계약구매

특정품목이 계속해서 대량으로 필요한 경우에 장기계약을 체결하고 일정한 시기마다 일정량을 납품하도록 하는 구매방법으로 가격변동이 적다는 전체조건이 필요하다. 구매자는 비교적 저렴한 가격에 안전하게 물품을 공급받을 수 있으며, 판매자는 수량이나 단가 등을 사전계약에 의해 체결하므로 이윤폭이 다소 줄어들 수 있다.

4) 예측구매와 투기구매

① 예측구매

계속적으로 사용되는 물품에 대해서 장래의 수요를 예측하여 일정량을 미리 구매하여 재고로 보유하고 필요시 즉시 사용할 수 있도록 하는 구매방법으로 저장목적이나 계획생산품목 등의 구매에 적합하다. 예측구매에서 투기적이익을 얻기 위해 사전에 행한 구매는 제외된다.

② 투기구매

가격변동에 의한 이익을 도모할 목적으로 장기간의 수요량을 미리 구매하여
재고로 보유하는 구매방식으로 가격이 상승하였을 때 일부를 전매할 수 있다.

5) 일괄위탁구매

구매하고자 하는 물품이 소량이면서 종류가 다양한 경우 특정업자에게 구입원
가를 명백히 책정해서 일괄 위탁하여 구매하는 방식으로, 구매담당자가 모든 구매
물품에 대한 내용을 명백히 파악하기 어려울 때 유리하다.

6) 공동구매

협력구매를 위하여 경영자나 소유자가 서로 다른 조직체들이 공동으로 구매하
는 방식으로 공동구매하려는 각 조직체가 구매하려는 각 품목에 대한 명세서에 동
의해야만 한다. 공동구매는 구매량이 할인받을 수 있을 정도로 많아지게 되므로
원가절감효과가 기대되고, 개별구매의 경우보다 공신력 있는 공급업체를 선정할
수 있어 공급력이 개선 강화될 수 있다.

7) 창고클럽구매

판매원의 도움 없이 구매자가 직접 창고에 진열되어 있는 물품을 선택, 구입하
게 되는 것으로 창고클럽구매는 도매상을 통하여 최저선의 가격을 유지할 수 있으
므로 저렴한 가격으로 물품을 구입할 수 있는 장점이 있다.

8) 리스

리스(lease)라 함은 소비자에게 상품의 사용권을 일정기간 대여하는 것을 말한
다. 리스는 초기 고가품목의 경우 사용자의 초기 투자비가 높을 때 투자비를 최소
화하기 위해 활용하는 방법이다.

① 구매와 리스에 필요한 금액의 차액만큼 다른 곳에 투자할 수 있다.

② 리스는 비용으로 처리되므로 세제상 유리하다.

③ 리스를 통해서 최신제품의 사용이 가능하게 된다.

④ 리스품목에 대해서는 임대인이 그 수리를 담당하므로 이에 소요되는 경비와 노력을 절약할 수 있다.

3. 구매시장의 종류

시장의 일차적인 기능은 가격, 품질의 기준을 정하며 상품의 이동과 판매를 촉진하는 것이다. 농산물 종류는 그 유통되는 장소에 따라 1차시장, 2차시장, 지역시장으로 구분한다.

1) 1차시장(산지시장)

1차시장은 소비자시장에 대립되는 개념으로 농촌지역에서 수행되는 유통시장을 의미한다. 해안가의 수산시장이나 과수원단지의 청과물시장, 목축단지의 가축시장 등이 그 대표적인 예이다. 즉 유통경로상으로 볼 때 생산자가 상품을 판매하여 소비자의 도매시장 또는 소매시장에 도착하기 전까지의 유통단계이다.

2) 2차시장(도매시장)

도매시장은 1차시장에서 대량의 물품을 구입한 후 이를 지역시장 소매업자에게 소량씩 분배하는 역할을 수행하며 일반적으로 소비지역에 접근해 있다.

3) 지역시장(소매시장)

소매시장은 소비자에게 형성되는 소비지시장을 말하며, 유통과정의 최종단계로써 생산상품을 소비자 욕구와 기호에 맞추어 공급하고 각종 서비스를 제공해 주는 시장이다.

제**4**절 구매계약

1. 구매계약의 방법

계약은 사법상 효과를 발생시킬 목적으로 서로 대립되어 있는 2개 이상의 의사표시가 청약과 승낙으로 합의해 도달함을 의미한다. 즉 구매계약이란 특정물품의 구매에 대한 청약에 대하여 승낙함으로써 성립하게 된다. 여기서 청약이란 특정내용의 계약을 성립시키기 위해서 상대방에게 요청하는 의사표시 행위이며, 승낙이란 청약자가 제시한 계약내용에 합의를 표명하여 계약을 성립시키고자 하는 의사표시를 말한다.

1) 일반경쟁계약

계약내용을 신문, 관보, 게시판 등에 널리 공고하여 불특정 다수인으로 하여금 경쟁입찰하게 하여 미리 정한 예정가격의 범위 내에서 가장 적합한 가격에서 유리한 조건으로 입찰한 자를 선정하여 계약을 체결하는 방법이다.

2) 수의계약

경쟁계약과 반대되는 개념으로 경쟁방법에 의하지 않고 계약 담당자가 적당하다고 인정되는 특정인과 협의하여 계약을 체결하는 방법이다.

이 방법은 일반경쟁계약이 불리하다고 인정되는 경우, 계약의 목적, 계약성질이 경쟁에 적합하지 않은 경우 또는 계약가격이 소액인 경우 등 특별한 경우에 해당된다.

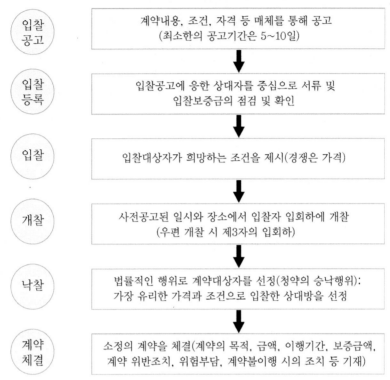

자료: 박정숙, 식품구매론, 효일, 2006, p. 55.

[계약절차]

(1) 장점

① 절차가 간편하고 경비와 이익을 줄일 수 있다.

② 신용이 확실한 거래처의 선정이 가능하다.

③ 상대방을 잘 알 수 있으므로 안정하다.

④ 공고에 의한 물가 품귀의 우려가 적다.

(2) 단점

① 구매공정성이 결여될 수 있고 경쟁력이 미흡하다.

② 의혹을 사기 쉽다.

③ 불리한 가격으로 계약하기 쉽다.

④ 유능하고 새로운 거래처 발굴이 곤란하다.

2. 거래선과의 계약방법

구매계약은 원칙적으로 공급자 명단으로부터 선택된 업자가 구입자의 품질·납기·수량 및 가격에 대한 교섭에 따라 계약이 이루어지는 것이지만, 거래처의 선정은 거래의 공정이라는 관점에 따라 구매담당자의 개인적 판단에만 의존하는 것은 바람직하지 않다.

① 공개입찰제: 기술적으로도 불특정업자를 대상으로 하는 것이 적절하지 않은 경우에 미리 공급자를 조사한 다음 지정업자를 선정하여 이들을 대상으로 하는 입찰제이다.

② 지정입찰제: 입찰제도는 입찰자를 한정하지 않는 것이 원칙이지만 지정업자 가운데 여러 군데를 선정하여 견적조회를 실시하는 상호교섭을 하여 계약자를 선정하는 방법이다.

③ 견적조회제도: 일반기업에서는 공급자 명단에 있는 업자의 견적조회를 실시하는 방법을 들 수 있으나, 명단의 업자 중에서 거래를 실시하기 위해 먼저 거래처를 선정·지정하여 교섭하는 방법이다.

④ 수의계약: 특정자재인 경우 그 업자만 취급하지 않는 경우 등에는 특별히 특별계약을 하는 것도 예외로 인정된다.

3. 구매시장조사의 기능

1) 시장조사의 기능

기업에서는 생산에 필요한 목적물을 구입할 때 품질, 가격, 납기, 서비스 수준에 대한 고려를 하여 필요로 하는 자료의 수집과 분석·검토에 심혈을 기울여야 한다. 위와 같은 방법으로 언제나 현재보다 나은 구매방법을 연구·검토해야 할 뿐만 아니라 기업의 구매방침에 대하여 원가절감 및 이윤증대에 기여하는 과학적인 방법이 적용되어야 한다.

2) 시장조사의 목적

구매부문에서는 구입하려는 대상물에 대한 구매예정가를 정하고, 합리적인 구매계획을 수립함으로써 구매업무의 목표를 달성하고 기업의 이익목표를 달성하는 데 목적이 있다.

3) 원가요인

기업의 원가를 절감하면서 품질이 좋고 가격인하로 고객의 만족도를 충족시킬 경우 시장점유율은 높아지게 된다. 이렇게 원가를 인하하면서 경쟁력이 강한 기업이 되려면 다음과 같은 요인이 필요하다.

① 품질의 규격
② 구매시기나 조달기간
③ 구매선
④ 구매방법
⑤ 구매량
⑥ 시장의 동향(국제원자재가, 원유가, 환율의 동향)
⑦ 유통경로
⑧ 지급조건

4) 구매시장조사의 원칙

시장조사는 구매업무를 수행함에 있어서 반드시 부수되어야 할 업무 중 하나지만, 구체적으로 시장조사를 행함에 있어서는 다음과 같은 원칙을 지켜야 한다.

① 비용·경제성의 원칙

시장조사를 행하기 위해서는 일정한 비용, 인력, 시간 등이 소요되는데, 시장조사를 행함에 있어서는 이러한 제 비용이 최소한도가 되도록 노력함은 물론이거니와 시장조사의 비용과 효율성 간에 상호 조화가 이루어지도록 하여야 한다.

② 시장조사 적시성의 원칙

시장조사의 목적은 조사한다는 그 자체에 있는 것이 아니고 어디까지나 구매업무를 수행하는 데 있어 일정시기 내에 시장조사가 완료되도록 해야 한다.

③ 조사탄력성의 원칙

시장조사를 실시하는 데는 상당한 시간이 필요한데, 한편 시장의 수급상황과 가격은 여러 가지 여건에 따라 수시로 변동하는 것이므로, 조사결과가 정리 분석되었을 때는 이미 시장상황이 상당히 변동되어 모처럼 조사한 성과가 충분히 이용될 수 없는 경우도 많다.

④ 조사정확성의 원칙

시장조사의 정확도가 구매에 미치는 영향은 구태여 설명할 필요도 없는데, 실제로 시장조사를 행함에 있어서는 앞서 열거한 여러 가지 원칙이 고려되어야 한다.

⑤ 조사계획성의 원칙

시장조사를 행함에 있어 계획 없이 덮어놓고 조사를 행한다면 이상 열거한 여러 가지 조사상의 원칙에 적합할 경우가 없으므로 시장조사에 착수하기 전에 시장조사계획을 세워야 한다.

5) 판매시장의 계획

판매시장에서는 일반기본조사, 품목별조사, 구매선 실태조사, 유통경로의 조사, 자재의 신제품개발 등을 들 수 있다. 특히 구매선의 실태조사에 있어서 재정문제나 신용의 신뢰도, 부채비율 등을 조사하여야 할 것이며, 유통경로 조사에서는 어떤 경로로 부가원가가 형성되는지 면밀한 조사가 필요하다.

6) 시장조사의 목적

시장조사 전에 우선 무엇을 알려야 하는가, 어느 정도 범위에서 정보를 수집할 것인가, 어떤 방법으로 수집할 것인가를 결정하고 정보를 수집하여야 할 것이다. 그리고 정보처리를 위해 정보수집, 평가, 분류, 분석, 이용, 처분 등을 고려하여야 한다.

7) 구매시장 조사의 의의와 목적

구매시장 조사는 구매활동에 필요한 자료를 수집하고 이를 분석 및 검토해야 한다. 좋은 구매방법을 발견하고, 그 결과를 구매방침 결정, 비용절감, 이익증대를 도모하기 위해 실시한다. 구매시장 조사는 가격변동, 수급상황, 신자재의 개발, 공급업자와 업계의 동향을 파악할 수 있으므로 매우 중요하다. 구매시장 조사의 목적은 다음과 같다.

① 구매 예정가격의 결정

　만들 상품의 원가계산가격과 구매물품의 시장가격을 기초로 이루어진다.

② 구매대상

　품목의 품질, 구매거래처, 구매시기, 구매수량 등에 관한 계획을 수립한다.

③ 신제품의 설계

　상품의 종류와 경제성, 구입 용이성, 구입시기 등을 조사한다.

④ 제품개량

　기존 상품의 새로운 판로개척이나 원가절감을 목적으로 조사한다.

8) 구매시장 조사의 내용

일반적으로 구매시장 조사에서 행해지는 조사내용은 다음과 같으며, 이러한 정보를 바탕으로 구매계획을 실행, 통제해야 한다.

① 품목

제조회사, 대체품 등을 고려해서 어떤 품목의 물품을 구매할 것인지 조사한다.

② 품질

어떠한 품질과 가격의 물품을 구매할 것인가를 조사한다. 물품의 가치는 가격대비 품질로써 나타낼 수 있다. 가격이 비싸다고 좋은 품질을 갖는다고 할 수 없다.

③ 수량

예비구매량, 대량구매에 따른 원가절감, 보존성을 고려하여 구매수량을 정한다.

④ 가격

물품의 가치와 거래조건 변동 등에 의한 가격인하를 고려하여 구매가격을 결정한다.

⑤ 시기

구매가격, 사용시기와 시장시세를 고려하여 구매시기를 정한다.

⑥ 구매거래처

어디서 구매할 것인가를 결정하기 위해서는 두 군데 이상의 업체로부터 견적을 받은 후 검토해야 하고, 식품의 경우 수급량 및 기후조건에 의한 가격변동이 심하고 저장성이 떨어지므로 한 군데와 거래하는 경우 구매자는 정기적인 시장가격조사를 통해 가격을 확인해야 한다.

4. 구매관리에 대한 감사

구매기능에 대한 감사목적은 우선 구매관리자가 부서의 주요 책임업무를 수행하는지를 확인 조사하는 데 있다. 또한 검수, 저장 그리고 출고과정을 통해 가치있는 제품이 정확하게 관리되고 있는지를 확인하는 데 있다.

① 모든 가격견적(price quotations)의 문서화, 견적상의 상시 확인 가능성 그리고 납품업자의 견적가격 준수 여부를 확인한다.

② 기록검토와 실사조사를 통해 납품업자의 가격수준 여부를 확인한다.

③ 제품재고가 구매명세서상의 기준과 일치하는지 여부를 확인한다.

④ 모든 제품이 스케줄에 따라 정확하게 적재되는지를 확인한다.

⑤ 모든 주문이 가장 낮은 가격으로 입찰한 납품업자로부터 이루어지는지를 확인한다.

⑥ 공급업체 계약기간의 주기별 갱신가격표 사본이 검수직원, 주방 그리고 회계관리직원에게 전달되고 있는지, 특히 해산물, 육류, 농산물 그리고 가금류와 같이 높은 변동가를 가진 제품에 대한 갱신가격표가 납품업자로부터 구매담당자에게 보내는지를 확인한다.

⑦ 적정수준의 재고(par level)를 설정하고 유지한다.

⑧ 검수직원, 조리책임자, 회계관리 직원에게 주별 감사서식의 사본을 전달한다.

⑨ 만약 구매원가가 너무 높다면 가격 혹은 조리법을 재조정하기 위해 원가가 높은 모든 아이템을 감독한다.

⑩ 고정주문은 우유, 계란 그리고 빵 이외의 다른 제품을 구입하는 데 활용되지 않도록 확인하고 감시한다.

제5장

수요관리

제5장 수요관리

제1절 수요관리의 개요

1. 수요관리의 의의

수요관리(demand management)란 기업의 제품과 서비스에 대한 수요의 발생을 파악하고 수요를 예측하며, 그 기업이 그 수요를 어떻게 충족시킬 것인가를 결정하는 것이다.

수요는 독립변수(independent demand)와 종속변수(dependent demand)로 구분한다. 독립수요(원인)란 고객들로부터 파생되는 수요를 말한다. 예를 들어 자동차에 대한 수요는 독립수요이고 이러한 수요로 인하여 발생되는 자동차 엔진오일의 수요는 종속(결과)수요이다.

미래를 계획하기 위해서는 예측이 필요하다. 제조업체의 경우, 수요예측에 오류가 발생하더라도 잔업, 아웃소싱, 안전제고 등을 통해서 어느 정도 여유를 가질 수 있지만, 서비스 기업의 경우, 재고와 같은 형태로 저장이 불가능하기 때문에 서비스 수요변화에 대한 완충장치를 개발하기가 어렵다.

수요예측의 오차부터 나타나는 부작용을 줄이기 위해서는 다음 몇 가지를 고려해야 한다.

첫째, 생산조직의 운영에 있어 유연성을 증대시킨다. 유연성을 증대시킨다는 것은 예측이 실제수요에서 벗어나더라도, 생산능력에 여유분을 두고 계획을 수립한다든가, 평균수요보다 많은 재고를 보유한다든가, 또는 작업순서나 작업량을 다시 조절하는 방법 등으로 예측에서의 오차를 흡수할 수 있는 기업의 운영체계를 확립한다는 의미이다.

둘째, 수요예측을 필요로 하는 각종 작업과 활동을 조정·통합·처리하는 데 걸리는 시간을 단축한다. 생산공정의 계획과 관리는 상당히 긴 시간을 필요로 한다. 이러한 시간을 리드타임(lead time)이라 하는데, 이 시간이 길면 길수록 훨씬 먼 훗날의 수요를 예측해야 한다.

셋째, 적절한 예측기법을 선택한다. 예측기법의 선택은 일반적으로 예측하고자 하는 변수의 성격과 예측대상기간의 길이에 따라 달라진다.

기업은 자사의 독립수요에 대해서 다음과 같은 두 가지 방법으로 대응할 수 있다.

첫째, 수요에 영향을 미칠 수 있도록 적극적으로 활용한다. 예를 들어 매출을 늘리기 위해서 판매원을 독려하거나 고객에게 유인을 제공하고 제품의 광고를 늘리며, 가격을 인하하는 활동들이 수요를 증대시키기 위한 활동들이다.

둘째, 수요의 변화에 수동적으로 대응한다. 예를 들어 기업이 완전 가동상태에 있다면 수요를 늘리려고 하지 않을 것이다. 외식업에 있어서의 수요예측이란 일반적으로 매출액 예측, 고객 수의 예측, 생산해야 할 음식의 예측, 음식생산에 필요한 식자재량의 예측 등이 있다. 외식업에서 수요예측은 매출액과 고객 수의 정확한 예측을 통해 근무해야 할 적정인원을 알게 해주고 결국 인건비의 안정을 도와주는 역할을 한다. 또한 생산해야 할 음식의 수와 필요한 식자재의 양을 정확하게 측정함으로써 식자재비의 안정에 도움을 준다. 또 소모품, 재고품의 과다보유나 과소보유로 인한 손실에 도움을 준다.

2. 주문처리

제조업에 있어 주문처리란 주문이 들어오면 문서상으로 처리한 후 이에 따라 공장에서 생산이 이루어진 후 배달될 때까지의 과정을 말하는데, 다음과 같은 단계를 거친다.

① 주문접수: 판매원이 주문을 접수한다.

② 주문입력: 주문을 주문처리시스템에 공식적으로 입력한다.

③ 주문달성을 위한 충분요구량 결정: 입력된 주문들을 완성시키기 위해서 필요한 제품의 양을 제시한다.

④ 주문달성을 위한 개략적 생산스케줄 결정: 주문된 수량을 생산하기 위해 실행가능한 생산스케줄을 결정한다.

⑤ 주문에 대한 배달약속: 개략적인 생산스케줄이 고객의 주문을 충족시킬 수 있다면 고객의 주문에 대한 배달을 약속한다.

⑥ 부품재고계획: 생산스케줄에 맞추기 위한 부품이 가능한가를 계산하여 부품재고계획을 세운다.

⑦ 상세한 스케줄 세우기와 구매: 주문된 제품의 생산수량을 확보하기 위하여 상세한 생산스케줄을 세우고 이에 따른 부품조달을 위해 내부조달 부품에 대한 생산명령과 외부조달부품을 발주한다.

⑧ 생산준비: 내・외부 조달부품을 모두 조달하여 생산을 준비한다.

⑨ 조립명령: 조립명령을 내리고 생산을 시작한다.

⑩ 배달명령: 조립이 끝나면 배달명령을 내린다.

제2절 수요예측의 개념

1. 수요예측의 개념

수요예측이란, 기업이 생산하는 제품 및 서비스에 대한 시장의 수요량을 예측하는 것으로서 시장에서의 제품의 판매예측을 말한다. 즉 시장수요예측(forecasting market demand)이란 전체시장 매출액의 크기와 각 시장부분에서 기대되는 매출액을 예측하는 것으로, 산업잠재력(total industry potential)의 예측도 포함되며, 여기서 산업에 관한 것을 시장잠재력(market potential)이라 하고, 기업에 관한 것은 기업잠재력(company potential)이라 한다. 이는 또한 수요가 예측되는 기간의 길이에 따라 단기예측, 중기예측, 장기예측으로 나누어진다. 대개의 경우 단기예측은 3개월에서 1년, 중기예측은 1년에서 3년 미만, 장기예측은 3년 이상을 예측대상기간으로 생각하고 있다.

2. 수요예측방법

수요예측은 경영분석의 과정이면서 마케팅전략 수립의 기초가 되기 때문에 정확성에 바탕을 둔 예측이 필요하게 된다. 이제까지의 수요예측은 경험과 직관적인 논리에 의존하는 경향이 많았지만, 과학적·체계적인 시장분석을 토대로 예측하여 계획수립을 수행해야 한다.

외식업체에서의 수요예측은 과거에 무엇을 얼마나 판매하였는지에 대한 기록과 주방의 음식판매관리에 관한 기록으로 수집할 수 있다.

1) 과거기록자료 수집

과거 판매된 자료를 기초로 하여 현재와 미래를 예측하는 방법이다. 메뉴는 판매된 음식의 종류를 보여주지만 방문한 고객 수와 고객이 섭취한 음식의 양도 수요예측을 위해 필요한 기초자료이다.

식당에서 얼마나 많은 음식이 팔렸는지 계산해 두는 것과 주방에서 판매한 음식의 양을 기록하는 것으로 생산하거나 판매한 것을 계산해서 기록하는 것이다.

2) 메뉴분산도

① 메뉴분산도는 매출 자료로서 판매된 음식에 관한 기록이다. 이것은 식당에 관한 기록이며, 고객이 계산한 전표를 정리하거나 현금등록기, POS시스템으로부터 수집된 기록이다.

② 메뉴분산도로 특정시간대에 어떤 메뉴가 얼마만큼 팔렸는지 알 수 있다.

③ 시간대에 따른 각각의 메뉴아이템의 매출에 대한 수익의 공헌도를 알 수 있다.

④ 각각의 메뉴아이템 판매로부터 얻어지는 최종 순이익의 비율을 알 수 있다.

⑤ 총고객 수, 기후상태 또는 특별 행사들도 알 수 있다.

3) 수요자의 종류

수요자는 그 자료가 어떤 시간을 기준으로 기억되었는가에 따라서 시계열자료(time series data)와 종단자료(cross-section data)로 구분된다. 시간의 흐름 가운데 어느 한 시점을 기준으로 자료가 수집되어 그 시점의 상황을 파악할 수 있도록 기록된다면 이는 종단자료이고, 일정한 간격의 시간을 두고 자료를 수집하여 시간의 흐름에 따른 변화를 파악할 수 있도록 기록되었다면 이는 시계열자료이다.

4) 수요예측기법의 종류

수요예측기법에는 여러 가지가 있으나 이를 크게 정성적 예측기법(qualitative forecasting method)과 계량적 예측기법(quantitative forecasting method)의 두 가지로 구분할 수 있다. 또한 계량적 예측기법은 시계열 예측방법(time series forecasting method)과 인과형 예측기법(causal forecasting method)으로 나뉜다.

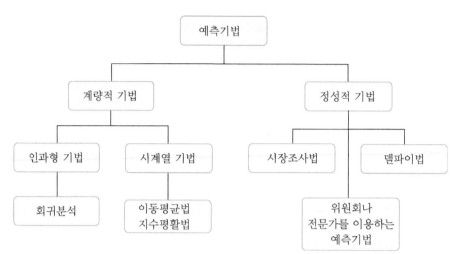

자료: 김태웅, 생산·운영관리의 이해, 신영사, 2001, p. 52.

정성적 예측기법은 조직 내외 사람들의 경험이나 견해와 같은 주관적 요소를 사용하는 예측기법으로써 시장조사법, 패널동의법, 중역의견법, 판매원의견합성법, 수명주기유추법, 델파이법 등이 있다. 한편 시계열 예측기법은 시계열 자료를 이용하여 예측하는 방법으로 이동평균법, 가중이동평균법 등이 있다.

시계열 데이터의 형태는 시간에 따른 추세의 변화가 없는 안정적 형태와 시간의 변화에 따라 추세변화가 있는 비안정적 형태, 그리고 계절적 특성을 가지는 계절적 요인 형태의 3가지가 있다.

자료: 김은주·박진우, 외식경영학, 형설출판사, p. 480.

3. 정성적 예측기법

1) 시장조사법

시장조사법(market research)이란 시장의 상황에 대한 자료를 수집하기 위해서 소비자 패널을 사용하거나 설문지, 서베이(survey) 전화 또는 개별방문을 통해 자료를 수집하는 방법이다.

시장의 상황자료를 이용하여 그 기업의 총매출액, 제품군의 매출액, 개별제품의 매출액을 예측할 수 있다. 특히 신제품개발 등에 유용한 정보를 제공할 수 있는 이 방법은 일반적으로 치밀한 통계분석을 통하여 소비자행동에 관한 정보를 수집하는 데 많이 이용된다.

2) 패널동의법

패널동의법(panel consensus)은 소비자, 영업사원, 경영자들을 모아서 패널을 구성하고 이들의 의견을 모아서 예측치로 활용하는 방법이다. 이 방법은 여러 사람들의 의견을 사용하므로 한 사람의 의견보다 더 낫다고 하는 가정에서 시작한다.

3) 중역의견법

경영자들 중에서 상위계층의 경영자들(중역들)이 모여서 집단적으로 행하는 예측기법을 중역의견법(executive opinions)이라고 한다. 중역의견법은 보통 장기계획이나 신제품개발을 위해서 사용되고 있다.

4) 판매원의견합성법

판매원의견합성법(sales force composite)이란 판매원들에게 각자 담당하고 있는 지역을 예측하도록 하고, 이러한 지역 수요의 예측치들을 모두 합해서 전체의 수요로 간주하는 예측방법이다.

5) 수명주기유추법

수명주기유추법(life cycle analogy)은 신제품이 개발될 경우 과거의 자료가 없으므로 신제품과 비슷한 기존제품의 제품수명주기(product life cycle)의 도입기, 성장기, 성숙기, 쇠퇴기 단계에서의 수요변화에 관한 과거의 자료를 이용하여 수요의 변화를 유추해 보는 방법이다.

6) 델파이법

델파이법(delphi method)이란, 그리스의 델파이 신전에서 신탁을 받는 것과 같이 전문가 집단의 합치된 의견을 예측으로 받으려는 방법이다. 이 방법은 전문가를 선정한 후 예측대상에 대한 질문을 전문가들에게 우송한다.

이 기법의 특징은 공개적으로 진행 시 나타날 수 있는 몇몇 권위자의 영향력을 배제하고, 다수의 의견에 자신의 의견 표시를 포기하는 문제점을 줄이고자 하는데 있다. 델파이법은 질문에 대한 전문가의 의견과 이의 근거자료가 제3자에 의해 정리되고, 의견의 일치가 이루어지지 않으면 새로운 질문서와 이에 관계되는 자료가 재차 배포되는 과정을 거치게 된다.

이 방법은 상당히 정확한 예측결과를 도출해 낼 수 있으나 비용과 시간이 많이 소요되는 것이 단점이다.

7) 시계열 예측기법

시계열 예측기법은 과거의 수요패턴이 미래에도 계속된다는 가정하에 과거의 매출액 또는 수요에 관한 자료만을 이용하는 기법으로 인과형 기법과는 달리 수요에 영향을 미치는 요인들은 전혀 고려하지 않는다.

이 예측기법은 기본적으로 과거 수요의 패턴이 다음의 그림과 같이 평균수준, 추세, 계절적 요인, 순환변동 그리고 불규칙변동을 제외한 네 요인을 규명하여 예측하고자 하는 기법이라 할 수 있다.

시계열 예측기법은 과거의 수요 또는 매출액 자료만을 가지고 예측하므로 회귀

분석에서와 같이 많은 자료를 필요로 하지 않으며 또한 예측과정이 간단하여 개별
제품의 단기수요 예측에 많이 사용된다.

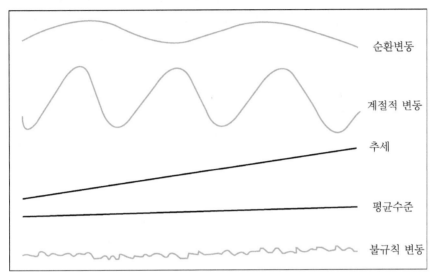

자료: 김태웅, 생산·운영관리의 이해, 신영사, 2001, p. 56.

[예측오차]

예측치가 실제수요에 어느 정도 접근하는가를 측정하기 위해서는 먼저 오차를 계
산해야 한다. t기의 예측오차는 t기의 실제수요에서 t기의 예측치를 뺀 값으로 표시
한다. 예측기법의 신뢰도는 절대평균편차 평균제곱오차를 이용하여 측정한다.

문제

갑, 을, 병 세 가지 수요예측기법이 주어져 있다. 이 중 가장 좋은 기법을
선택하기 위해 5개월 동안 이 세 기법을 사용하여 본 결과 다음과 같은 자
료를 얻었다. 각 예측기법의 사용에 따른 절대평균편차와 평균제곱오차를
계산하고 가장 바람직한 예측기법은 어떤 것인지 선택하여라.

기간	실제 매출액	예측치		
		갑	을	병
1월	44	46	36	50
2월	26	29	33	35
3월	40	42	47	52
4월	21	19	28	27
5월	38	25	43	48

답

[예측오차]

기간	갑	을	병
1월	2	−8	6
2월	3	7	9
3월	2	7	12
4월	−2	7	6
5월	−7	5	10

- 예측기법 갑: 절대평균편차 = (2+3+2+2+7)/5 = 3.2
  평균제곱오차 =(4+9+4+4+49)/5 = 14
- 예측기법 을: 절대평균편차 = (8+7+7+7+5)/5 = 6.8
  평균제곱오차 =(64+49+49+49+25)/5 =47.2
- 예측기법 병: 절대평균편차 = (6+9+12+6+10)/5 =8.6
  평균제곱오차 =(36+81+144+36+100)/5 =79.4

예측기법 '갑'의 절대평균편차, 평균제곱오차가 가장 작으므로 '갑' 방법이 우수하다고 할 수 있다.

[예측기법의 적용가능분야]

예측기법	적용분야	예측대상기간	소요비용
델파이법	• 시설 및 설비증설 계획을 위한 장기 수요 예측 • 기술진보 예측	중, 장기	중 이상
시장조사법	• 신제품 개발을 위한 잠재수요 예측 • 기업 전체의 총괄수요 예측	중기	고
회귀분석	• 총괄수요의 예측 • 설비투자계획의 수립을 위한 장기 수요 예측	중, 장기	중
시계열기법	• 일정계획 및 재고관리를 위한 단기 수요 예측	단기	저

4. 정량적 예측기법

1) 단순이동평균법

이동평균법(moving average method)은 일정기간 동안의 최근 기록을 평균하여 수요를 예측하는 방법으로 단순이동평균법과 가중이동평균법이 있다. 이것은 새로운 기록이 발생할 때마다 가장 오래된 기록을 제외시키고, 최근의 기록평균만으로 산출하며 단체급식업체에서 주로 이용되고 있다.

단순이동평균법(simple moving average method)은 과거 여러 기간 동안의 자료에 동일한 가중치를 적용하는 방법이고, 가중이동평균법(weighted moving average method)은 최근의 실적치에 가장 높은 실적치를 적용하는 방법이며, 이동평균의 산출은 물가동행·경기지수, 계절성·인플레이션 등에 따라 변경이 가능하다.

과거 특별한 추세나 계절변동이 없다고 생각되면 이동평균법과 같은 단순한 방법을 선택하여 사용할 수 있다.

이동평균법은 과거 일부 기간의 실제치를 평균하여 다음 기간의 예측치로 사용하는 것이다.

$$X_{t+1} = \frac{\text{최근 } n \text{개의 데이터 값의 합}}{n} = \frac{X + X_{t-1} + X_{t-n+1}}{n}$$

 문제

갑을 외식업체의 과거 5개월간의 고객 수를 이용하여 다음 달의 고객 수를 예측해 보시오.

기간	1	2	3	4	5
고객 수	1,850	1,940	2,200	1,780	1,920

답 다음 달 고객의 예측값

$$= \frac{1,850 + 1,940 + 2,200 + 1,780 + 1,920}{5} = 1,938\text{명}$$

단순평균법을 이용한 6개월의 고객 수 예측값은 1,938이다.

2) 가중이동평균법

가중이동평균법(weighted moving average method)은 단순이동평균법의 한계를 보완한 방법으로 최근의 과거자료에 더 많은 가중치를 부여하는 방법이다. 가중이동평균법을 적용하기 위해서는 n값과 더불어 n개의 가중치를 결정해야 한다.

이동평균법을 이용하고자 할 때 가장 큰 문제는 이동평균을 계산하기 위해 사용하는 과거자료의 적정개수, 즉 n을 결정하는 것이다.

일반적으로 시계열 자료에 뚜렷한 추세가 나타나 있거나 불규칙변동이 심하지 않은 경우에는 작은 n값이 유리하고, 그렇지 않을 경우는 n값을 크게 잡아야 한다고 하지만, n값의 적정 수준은 그 n값으로 결정하는 과정을 거치게 된다.

이동평균법은 계산이 쉽다는 장점이 있지만, 과거의 모든 자료를 이용하지 않는다는 점, 또 이동평균의 계산에 이용되는 실적치들에 동일한 가중치 1/n을 자료의 중요도에 따라 달리 책정함으로써 어느 정도 해소될 수 있다.

 문제

갑의 레스토랑에서 스파게티 판매량은 다음과 같다.

월별	판매량
1	1,560
2	1,890
3	2,300
4	2,180
5	1,780
6	?

6월의 예측치를 구하기 위해서 가중치가 바로 전달되는 0.4, 그 전달에는 0.3, 그 전달에는 0.2, 그리고 그 전달에는 0.1인 가중이동평균법을 계산하면 다음과 같다.

답 6월의 예측치 = 0.1(2월의 실제치)+0.2(3월의 예측치)

　　　　　　+0.3(4월의 실제치)+0.4(5월의 실제치)

　　　　= 0.1(1,890)+0.2(2,300)+0.3(2,180)+0.4(1,780)

　　　　= 189+460+654+712= 2,015그릇

문제

갑의 레스토랑의 과거 3개월 기간의 고객 수를 이용하여 다음 달의 고객 수를 예측해 보면 다음과 같다.

기간	1	2	3
고객 수	1,540	1,780	1,660
가중치	0.1	0.2	0.7

답 다음 달 고객 수의 예측값 = 0.1(1,540)+0.2(1,780)+0.7(1,660)
　　　　　　　　　　　　　=154+356+1,162=1,672명이다.

가중평균법의 장점은 시계열의 최근 값을 더 중요하게 여길 수 있도록 설계되었다. 또한 가중치를 신중하게 선택하면 변화에 대해 민감하게 반응하도록 평균하는 기간 수를 증가시킬 수 있다.

 문제

한국외식업체의 지난 6개월간의 매출액이 다음과 같다. 다음 각각의 예측 기법을 이용하여 예측치를 계산하여라.

기간(월)	1	2	3	4	5	6
매출액 (단위: 억 원)	1.45	1.48	1.58	1.42	1.60	1.58

답 ① 3기 단순 이동평균법
　　② 0.1, 0.3, 0.6을 가중치로 한 3기 가중이동평균법
　　　(오래된 자료일수록 가중치가 작아짐)

① A3 = (1.45 + 1.48 + 1.58)/3 = 1.503

   A4 = (1.48 + 1.58 + 1.42)/3 = 1.493

   A5 = (1.58 + 1.42 + 1.60)/3 = 1.533

   A6 = (1.42 + 1.60 + 1.58)/3 = 1.533

② A3 = (0.1)(1.45) + (0.3)(1.48) + (0.6)(1.58) = 1.537

   A4 = (0.1)1.48) + (0.3)(1.58) + (0.6)(1.42) = 1.474

   A5 = (0.1)(1.58) + (0.3)(1.42) + (0.6)(1.60) = 1.544

   A6 = (0.1)(1.42) + (0.3)(1.60) + (0.6)(1.58) = 1.57

3) 지수평활법

지수평활법은 과거 데이터에 대해 가중치를 부여한다는 점에서 가중이동평균법과 같다고 볼 수 있다. 그러나 지수평활법은 최근의 데이터일수록 미래에 대해 발생할 데이터 실현값에 미치는 영향이 크다고 보고, 최근의 데이터 가중치를 높게 부여한다. 따라서 지수평활법은 모든 확보된 자료를 이용할 수 있으나 가중이동평균법은 이동평균에 관련된 과거 시계열 자료만을 이용한다는 점이 다르다.

지수평활법(exponential smoothing method)은 과거의 기록 중 시기별로 가중치를 적용하여 평균을 낸 후 예측치를 산출하게 되는데, 최근 기록의 경우 가장 높은 가중치를 부여하고, 오래된 기록일수록 대수적으로 감소시키는 가중치를 적용함으로써 최근의 기록이 미래의 수요예측에 가장 큰 영향을 주도록 하는 방법이다.

$$\text{수요예측치} = \alpha(\text{지난달의 실제값}) + (1 - \alpha) \times (\text{지난달의 예측값})$$

이것은 단기적인 수요예측에 많이 활용되고 있으며, 지수평활법의 특징은 다음과 같다.

(1) 지수평활법의 특징

① 지수평활법 계산과정 내에 과거의 모든 기록이 포함되어 있음

② 과거의 오래된 기록보다는 최근의 새로운 기록에 더 많은 가중치를 적용

③ 수요예측에 많은 자료가 필요하지 않음

④ 전산화에 따른 소프트웨어의 저장이나 계산용량의 소요가 최소화됨

지수평활법을 이용한 수요예측계산법은 다음과 같다.

[지수평활법을 이용한 수요예측 계산법]

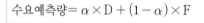

$$수요예측량 = \alpha \times D + (1-\alpha) \times F$$

* α : 평활계수(값의 범위는 0~1)
— 신메뉴 및 신제품의 값은 0.7~0.9
— 안정된 수요제품의 값은 0.1~0.3
— 불안정한 수요제품의 값은 0.4~0.6
* D: 가장 최근의 수요량
* F: 가장 최근의 예측량

문제

단체급식업체의 식수인원

월	식수(명)
1	1,571
2	1,567
3	1,575
4	1,579
5	1,562
6	1,580

상기 단체급식업체의 식수인원을 토대로 1월의 수요예측량이 1,565명이고, 알파 0.3이라고 가정할 때 2월에서 7월까지의 예상 식수인원을 계산하면?

답 2월 예상식수: $(0.3 \times 1,571) + (0.7 \times 1,565) = 1,566.5 = 1,567$(명)

3월 예상식수: $(0.3 \times 1,567) + (0.7 \times 1,567) = 1,567 = 1,567$(명)

4월 예상식수: $(0.3 \times 1,575) + (0.7 \times 1,567) = 1,569.4 = 1,570$(명)

5월 예상식수: $(0.3 \times 1,579) + (0.7 \times 1,570) = 1,572.7 = 1,573$(명)

6월 예상식수: $(0.3 \times 1,562) + (0.7 \times 1,573) = 1,569.7 = 1,570$(명)

7월 예상식수: $(0.3 \times 1,580) + (0.7 \times 1,570) = 1,573 = 1,573$(명)

따라서 7월의 예상식수는 1,573(명)이 된다.

문제

갑의 레스토랑은 스파게티를 판매한다. 지난달 스파게티의 실제 판매량은 1,580그릇, 지난달의 수요 예측치는 1,650그릇이었다. 그리고 평활상수가 과거에 0.4를 적용하였을 경우 가장 적은 예측오차값을 보였다. 다음 달 스파게티의 판매수량을 예측한다면?

답 다음 달 스파게티의 예측값 $= 0.4 \times 1,580 + (1-0.4) \times 1,650 = 1,622$그릇

다음 달 스파게티의 판매예측값은 1,622그릇이다.

발주 · 검수관리

제6장	발주·검수관리

제1절 발주관리

1. 발주관리의 의의

물품의 사용부서인 각 영업장이나 생산부서에서 품목과 소요량이 기록된 구매요구서가 송부되어 오면, 구매부서에서는 이를 토대로 구매발주서와 구매명세서를 작성하게 된다. 이때 구매부서에서 의뢰한 구매물품 전량(全量)을 공급처에 발주하는 것이 아니고, 창고의 현재 재고량을 고려하고 구매업자와 공급처 간의 합의에 의한 경제적인 수량을 결정하여 발주하게 된다. 즉 구매에 필요한 최적발주량을 결정하게 되는데, 구매업자 입장에서는 경제적 발주량이 되어야 하며, 적정재고수준을 유지하면서 평균소요량을 고려하고, 부족한 수량만큼 발주하게 되는데, 이때 사용부서에서 의뢰한 물품수량을 바탕으로 발주업무가 수행되게 한다.

1) 발주량의 결정요인

발주업무의 목적은 적정발주량을 결정하는 데 있으며, 가장 유리한 조건의 공급처를 선정하여 발주하는 데 있다. 그러나 적정발주량을 결정하는 데 있어서는 다양한 변수요인들의 작용을 간과해서는 안된다. 특히 경기상황 및 물가지수에 따른 가격의 변화, 물품의 수요, 공급시기에 따른 계절성 및 이로 인한 수량 할인율, 물품의 품질적인 여러 특성, 그리고 재고량과 저장관리에 따른 유지비용 등 요인들을 고려하여 경제적인 발주방법과 발주량을 결정해야 한다.

따라서 최적발주량을 결정할 때에는 다음과 같은 요인들을 검토하여 경제적인 발주업무를 수행하게 된다.

2) 발주량 결정을 위한 검토요인

① 재고파악은 재고량, 창고용량, 물품평균소요량, 재고손실률을 파악한다.
② 유지·관리비용에는 임대료, 보험료, 보수 및 설치비, 재고투자비, 이자, 발주 횟수, 인건비 등이 있다.
③ 가격의 변화는 경기상황 및 물가지수에 따른 미래의 가격변동예측을 파악한다.
④ 수량할인율은 물품 대량구매에 따른 유리한 구매조건(금액의 할인)을 파악한다.
⑤ 물품의 계절성은 성수기와 비수기에 따른 수급의 가격편차를 활용한다.
⑥ 물품의 품질특성에는 물품의 저장수명·보관방법·선도 등이 있다.

3) 경제적 발주량의 결정

경제적 발주량(EOQ: Economic Order Quantity)이라 함은 저장비용과 주문비용이 최소가 되는 발주량이 가장 경제적이라는 논리이다. 경제적 발주량을 결정하는 연간 저장비용과 주문비용의 관계를 나타내는 도표로, 발주량에 따라 이들의 변화의 정도가 달라짐을 보여주고 있다. 즉 발주량이 증가함에 따라 연간 주문비용은 감소하지만 연간 저장비용은 증가하고 있으며, 발주량이 감소하면 연간 주문비용은 증가하지만, 연간 저장비용은 감소하고 있음을 나타내고 있다.

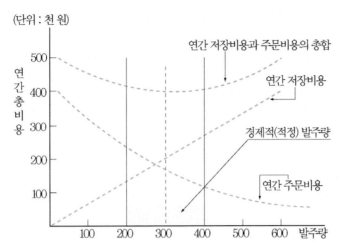

자료: 홍기운, 식품구매론, 대왕사, 2001, p. 216.

[발주량에 따른 연간저장비용과 주문비용]

2. 발주방식의 유형

1) 정기발주방식

정기발주방식(fixed-order period system)은 일정한 기간마다 정기적으로 발주를 하는 방식으로, 장기실사방식(periodic inventory system)이라고 하며, 발주주기와 최대 재고수준에 의해 영향을 받게 된다. 이 방식은 고가물품으로 인해 재고부담이 크거나 공급기간(lead time)이 길고, 수요예측이 가능한 물품의 경우에 적합하다. 발주 시기는 주 1회, 월 2회, 월 1회, 분기별 1회 등 시간적 단위를 설정하고 그 시점에서의 소요량(혹은 수요량, 소비량)을 산출하여 발주하게 되는데, 이와 같은 방식으로 발주량을 계산하면 다음과 같다.

[정기발주방식에 의한 발주량 및 발주주기 계산식]

① 발주량 = 최대재고량

(발주주기 중의 소요량 + 공급기간 중의 소요량 + 안전재고량)

－ 현재재고량 － 발주 후 미납품량

② 적정발주주기 = $\dfrac{경제적\ 발주량}{소요량}$

2) 정량발주방식

정량발주방식(fixed-order quantity system)은 재고량이 일정수준(발주점)에 도달하게 되면 경제적 발주량을 통해 발주하는 방식으로, 발주점(order point system) 혹은 계속실사방식(perpetual inventory)이라고도 한다. 이 방식은 재고부담이 낮은 저가물품에 적합하고, 항상 수요가 있기 때문에 일정한 재고량을 확보하고 있어야 한다. 특히 수요예측이 어려운 것이라도 사장품이 될 우려가 적은 것 등에 유리하다. 정량발주방식은 발주량과 발주점에 의해 결정되는데 발주점은 발주에서 입고되기까지의 기간이 공급기간(lead time: 조달기관) 중에 소비되는 재고량과 이 기간에 대비한 안전재고와의 합계만큼의 재고량이 있을 때를 의미한다. 따라서 발주량과 발주점이 정해지면 재고량이 발주점에 도달했을 때 미리 정해놓은 경제적 발주량을 발주하면 된다.

[정기발주방식과 정량발주방식의 비교]

구분방식	정기발주방식	정량발주방식
개요	정기적으로 부정량을 발주	재고가 발주점에 이르면 정량을 발주
발주시기	정기적	부정기적(발주점에 도달 시)
발주량	부정량(최대재고량－현재재고량)	정량(경제적 발주량: EOQ)
재고조사방법	정기적인 실사방법	계속적인 실사방법
안전재고	조달시기 및 발주주기 중의 수요변화에 대비	조달기간 중의 수요변화에 대비

자료: 이진영 외, 현대식품구매론, 효일, 2004, p. 175.

(1) 경제적 발주량 계산식

$$경제적\ 발주량(EOQ) = \sqrt{\frac{2FS}{CP}}$$

C: 재고유지 관리비용(재고총액대비 백분율)

P: 단위당 구매단가(구매가격)

F: 발주비용(발주에 소요되는 고정비)

S: 연간소요량 혹은 연간매출액(판매량)

📭 **문제**

외식업체에서 갑의 품목이 사용량은 연간 1,800kg이고 이것을 유지·관리하는 데 소비되는 비용이 재고가치의 12%이며, 단위당 구매가격은 25원이다. 이때 발주에 소요되는 고정비가 20원이라고 할 때, 1회 발주에 필요한 경제적 발주량을 계산하면?

답 경제적 주문량(EOQ) $= \sqrt{\dfrac{2 \times 20 \times 1,800}{0.12 \times 25}} = \sqrt{\dfrac{64,800}{3.25}}$

$= \sqrt{19,938} = 141.2kg$

즉 1회 경제적 발주량은 141.2kg가 된다.

1년간 발주횟수를 계산하면?

1,800kg ÷ 141.2kg = 12.75(회)

또 1년간 발주횟수를 날짜로 계산하면?

365(일) ÷ 12.75(회) = 28.63(일)

1년간 발주횟수는 28.63(일) 간격이 된다.

문제

레스토랑에서 휴지 소요량이 1년 동안 180box이고 재고원가가 18%이다. 그리고 box당 구매단가가 150,000원이며 주문에 소요되는 고정원가가 130,000원일 때 1회 발주에 필요한 경제적 발주량을 계산하면?

답 경제적 주문량(EOQ) = $\sqrt{\dfrac{2 \times 130,000 \times 180}{0.18 \times 150,000}}$

$= \sqrt{1,733.3} = 41.63\text{box}$

즉 1회 경제적 발주량은 41.63(box)가 된다.

문제

외식업체에서 소고기 연간 사용량이 2,500kg이라 하고, 관리비용이 재고가치의 14%, 단위당 구매원가는 17,000원, 그리고 주문에 소요되는 고정비용이 6,000원이라는 조건하에 경제적 주문량은?

답 경제적 주문량(EOQ) = $\sqrt{\dfrac{2 \times 6,000 \times 2,500}{0.14 \times 17,000}}$

$= \sqrt{12,605} = 112.2\text{kg}$

즉 1회 경제적 발주량은 112.2kg가 된다.

결국, 관리비용과 주문에 소요되는 고정비용을 최소화하기 위한 경제적 주문량은 112.2kg이라는 계산이다.

여기서 1년간 몇 회를 주문하는가를 알고 싶다면, 연간 사용량을 경제적 주문량으로 나누어 얻을 수 있다.

즉 2,500kg ÷ 112.2kg = 22.28회가 된다.

또 1년간 발주횟수를 날짜로 계산하면?

365일 ÷ 22.28(회) = 16.38(일)

1년간 발주횟수는 16.38(일) 간격이 된다.

제2절 구매발주서의 유형

1. 물품구매요구서의 작성업무

구매명세서(purchase specification)는 물품명세서 혹은 시방서(specification)라고 하며, 구매하고자 하는 물품의 품질과 특성에 대하여 기술한 양식이다. 구매부서에서 작성하여 내부승인을 받은 후 거래처에 발주서와 함께 보내게 되는데, 거래처로부터 물품을 공급받을 때 검수업무부서에서 구매명세서를 토대로 물품에 대한 적부를 검사하는 기준이 된다. 또한 구매부서, 검수부서, 창고관리부서, 사용부서에서 보관·유지하고 구매활동에 활용하게 된다.

구매명세서에는 다음과 같은 항목이 기록되어 있다.

① 청구번호, ② 품목, ③ 규격, ④ 단위, ⑤ 물품소요량, ⑥ 공급날짜,
⑦ 가격, ⑧ 예상회계번호, ⑨ 기타 결제라인 등

1) 구매명세서 작성의 필요성

구매명세서는 구매업체와 거래처 간에 충분한 의사전달에 입각하여 상호 이해하기 쉬운 양식을 활용해야 하며, 원활하고 효율적인 업무수행을 위하여 필수적이고 구체적이며 세부적인 내용을 기술하여 근래에는 많은 기업에서 적용하고 있다.

① 물품의 품질·특성 및 원가관리의 통제기준이 된다.

② 구매업체와 거래처 간의 하자발생 및 오해소지에 대하여 명확한 신뢰성 유지의 초석이 된다.

③ 구매 관련 업무의 효율성 증진과 교육훈련의 도구로 활용된다.

④ 경쟁입찰 구매의 경우, 거래처 선정을 위한 필수적인 경쟁조건의 기준이 된다.

2) 구매명세서 작성자

구매업체와 거래처 간의 상호합의에 의해서 작성되는 구매명세서는 사용부서의 의견을 조율하여 구매부서의 담당과 관리자에 의해 업무가 수행되지만, 물품 구매량이나 금액에 따라 의사결정의 단계는 다르며, 기업 내부의 운영방침에 따라 구매자와 물품사용자가 합의하여 작성한다.

3) 구매명세서의 세부내용

구매명세서는 업체별·업종별 등에 따라 차이가 있으나, 대체로 구매물품에 대한 상세한 내용을 기술하고 있는 것이 특징이다. 주로 품명·규격·등급·상표명 등에 대해서 구매업체와 거래처 간 정보의 내용을 단순하면서 간략하게 기재하는 것이다. 이것은 업무의 간소화 및 시간절약형의 경우가 대부분이다.

구매명세서의 세부내용을 살펴보면 다음과 같다.

① 상품의 용도 및 요구사항

② 상품의 명칭

③ 품질 및 등급

④ 분량정보

⑤ 손질 정도 및 폐기량

⑥ 포장 및 형태

⑦ 저장 및 가공방법

⑧ 원산지 표시

⑨ 숙성 정도

⑩ 형태, 색깔, 유통기한 등

2. 구매명세서 작성 시 영향요인

구매명세서의 작성은 가급적 간단명료하고 현실적이면서 구매명세서와 거래처 간의 신뢰성을 가질 수 있도록 하는 것이 중요하다. 또 구매명세서는 다음과 같은 내용을 사전에 검토하여 구매활동의 업무수행에 미치는 영향요인을 최소화하고 경제적 효율성을 고려하여 작성해야 한다.

구매명세서 작성 시 영향요인은 다음과 같다.

① 목표와 방침의 일치성

② 소요비용 및 시간의 합리성

③ 생산시스템의 효율성

④ 저장관리의 효용성

⑤ 종업원의 숙련도 및 기술력

⑥ 판매가 및 예산상의 제한점

⑦ 상품상의 특성 및 요건

⑧ 상품서비스의 유형

3. 구매양식의 유형

1) 구매명세서

구매명세서(purchase specification)는 물품명세서 혹은 시방서(specification)라고 하며, 구매하고자 하는 물품의 품질·특성에 대하여 기술한 양식이다. 구매부서에서 작성하여 내부승인을 받은 후 거래처에서 발주서와 함께 보내게 되는데, 거래처로부터 물품을 공급받을 때 검수업무부서에서 구매명세서를 토대로 물품에 대한 적부를 검사하는 기준이 된다. 품목에 대해 객관적이고 일반적인 사항, 그리고 특기사항 등을 자세히 기록하여 구매 시 이용하는 일종의 명세서이다.

① 물품 스펙(사양)에 따라 전화로 원하는 아이템의 주문이 가능하다.
② 주문상에서 생기는 실수와 오해가 해소된다.
③ 원가의 관리와 비용이 저렴하다.
④ 구매업무를 효율적이고 신속하게 할 수 있다.

2) 구매청구서

구매요구서, 구매의뢰서(purchase requisition)라고도 불리는 이 양식은 저장고에서 저장할 아이템들에 대한 구매를 의뢰 또는 청구할 때 구매부서에 보내는 양식이다.

3) 일일시장리스트

일일시장리스트(daily marklist, market quotation)는 주방에서 매일매일 요구되는 아이템을 주문할 때 작성하여 구매부서에 보내는 양식이다.

4) 구매발주서

구매발주서(purchase order)는 구매청구서(실무부서 작성)에 의해 요청된 아이템을 식자재를 구매하기 위해서 구매부서에서 납품업체에 보내기 위해 작성하는 양식이다.

제3절 검수관리

1. 검수관리의 의의

반입되는 모든 식품 자재는 검수를 해야 한다. 구매에 있어서 계약과 주문에 따른 내용과 품질의 수량, 그리고 가격이 합당한가에 대한 평가가 검수의 근본 목적이다.

검수담당자들은 주문한 식음료 자재에 대한 표준 구매명세서를 정확히 알아야 한다. 또한 품질·수량·가격·계약조건 등 여러 조건을 검사하고 평가하여 반입시킬 것인지 반품할 것인지에 대해 신속히 결정해야 한다.

일반적으로 검수업무의 절차는 크게 주문한 물품을 인수(accepting)한 후 확인(validating)한 다음 서명(signing)하는 순서로 진행된다.

1) 검수업무의 목적 및 기능

검수의 기본목적은 구매자의 구매명세서와 공급처의 거래명세서(송장, invoice)를 대조하여 다음과 같은 목적과 기능에 따라 검수를 수행한다.

검수업무의 목적 및 기능은 다음과 같다.

① 물품의 품질특성검사(크기, 중량, 선도, 위생상태, 유통기한 등)
② 납품가격의 적부성 및 대금지급방법의 확인
③ 물품의 부족여부 및 불량품 등 반품여부의 색출
④ 구매명세서와 거래명세서(송장)의 대조
⑤ 공급처의 성실도와 신뢰도 파악

2) 검수원의 업무내용

검수업무를 위해서는 구매와 검수가 분리되는 것이 이상적이며 검수원의 업무는 다음과 같다.

① 주문관련 서류(주문서, 계약서 또는 견적서)에 근거하여 검수해야 하며, 필요에 따라 구매업무와 관련 있는 감독직원의 입회하에 검수한다.
② 주문물품의 내용(품질, 규격, 성능)과 수량을 확인한다.
③ 필요에 따라 시식하기도 한다.
④ 검수원은 검수를 거쳐 인수한 모든 물품에 대해 일일 검수보고서를 작성하여야 한다.
⑤ 검수결과는 기록, 서명한 후 보관하여야 한다.
⑥ 미납품, 반품 현황을 해당부서로 전달한다.
⑦ 구매 관련 자료와 정보를 구매자에게 제공하여 협조자로서의 역할도 수행한다.
⑧ 납품업체의 거래명세서(송장)에 검수 확인하여 대금을 지급한다.

2. 검수방법

물품의 검수는 업체별·품목별로 검사에 소요되는 비용이나 시간의 낭비를 최소화시키면서 다양한 방법이 활용되고 있지만, 구매자와 공급자 간의 불신을 해소하고 상호 신뢰를 바탕으로 이루어져야 한다. 검수방법에는 전수검사와 발췌검사가 있다.

1) 전수검사법

납품된 물품을 하나하나 전부 검사하는 방법으로 손쉽게 검수할 수 있는 물품이나 불량품이 조금이라도 들어가면 안되는 보석과 같은 고가품목에 실시하게 된다.

2) 발췌검사법

납품된 물품 중에서 일부를 뽑아 검사하여 그 결과를 판정기준과 대조하여 합격·불합격을 결정하는 방법이다. 특히 일부 불량품의 혼입도 무방한 경우, 검수

항목이 많은 경우, 파괴검사인 경우와 맛, 냄새, 선도, 색상, 건조도, 포장조건, 식품의 표시기준 등을 검수한다.

3) 물품검수 시 주의사항

① 품질면: 포장상태, 제조, 가공연월의 표시 등을 확인하고 선도, 크기, 기능이 주문한 내용과 적합한지를 확인해야 한다.

② 양적인 면: 계량기를 준비하여 과부족상태를 확인하는 것이 좋다.

그 외 주의사항은 다음과 같다.

- 물품을 과대포장하여 납품하는 경우
- 실제 물품에 비해 포장재 무게가 클 경우
- 양질의 상품만을 맨 위에 올려놓을 경우
- 물품의 등급표시를 하지 않고 특정등급만 납품할 경우
- 뼈나 지방 등 불가식부(폐기율)가 많을 경우
- 검수부서를 거치지 않고 생산부서로 직접 납품될 경우
- 박스포장이 대량일 경우 단위 포장별로 분해하고 상황에 따라 시식(시음)

4) 불합격품의 처리방법

① 납품을 중지시키고 납품된 물품은 보관시키며 관계부서에 그 사실을 알린다.

② 불량품이 일부 포함되어 있는 경우 전부를 반송하는 경우도 있지만, 때로는 우량품을 구매자 측이 선별하는 경우도 있다.

③ 불량품을 처리할 때는 그 이유를 공급자에게 반드시 밝혀서 이해하도록 해야 한다.

3. 검수절차

1) 배달된 물품과 구매요구서의 대조

물품주문서에 사용한 모든 서류는 배달 시의 검사기준이 되며, 반입되는 모든 품목은 구매요구서와 구매명세서를 대조하여 모든 항목마다 수량, 중량, 품질을 확인한 후 물품을 인수해서 품목별로 상온, 냉장, 냉동고에 보관한다.

2) 배달물품과 납품서의 대조

납품서, 즉 거래명세서는 납품업자가 어떤 물품을 어떤 가격에 보냈는가를 적은 서류로 배달한 물품의 대금지급청구서로도 사용되며, 배달물품과 항목이 일치하는지 정확히 확인해야 한다.

3) 물품의 인수 또는 반환

검사 후 배달된 물품에 하자가 없으면 물품을 인도하게 하고, 온도·품질·위생 상태·변질 등에 문제가 있는 경우에는 물품을 반환한다.

4) 꼬리표 부착

검수가 끝난 물품을 저장장소로 운반하기 전에 검수날짜, 납품업자, 간단한 명세, 무게나 수량, 저장소, 가격 등을 기입한 꼬리표를 만들어 붙이면 물품통제에 효과적이다.

특히 육류를 저장할 경우에는 반드시 꼬리표(tag)를 부착한다. 육류인식표의 부착 순서는 다음과 같다.

① 각 육류에는 확인과 통제목적을 위해 미리 인쇄된 번호를 부여한다.
② 육류가 저장고에 입고될 시점의 날짜를 기입한다.
③ 육류를 검수하는 시점에서 납품업자 혹은 공급업자를 인식표에 기입한다.
④ 육류 부위를 인식표에 기입한다.

⑤ 육류의 중량을 기입한다.

⑥ kg당 가격을 근거로 하여 육류의 단위 원가를 기입한다.

⑦ 전체원가를 기입한다.

MEAT TAG(육류 꼬리표)	
1. 일련번호	
2. 날짜	
3. 납품일자	
4. 부위	
5. 중량	
6. 단위가격 kg	
7. 전체가격	

5) 창고저장, 혹은 적절한 장소로 운반

검수가 끝나는 대로 반입된 물품은 즉시 안전하고 적당한 장소로 옮겨야 하며, 도난이나 부정유출, 저장조건의 부적절 등으로 인한 손실을 방지할 수 있도록 안전하게 보관해야 한다.

6) 검수에 관한 기록

기록의 양식이나 유형은 외식업체별로 사용하는 검수일지, 검수도장, 검수표, 반품서의 양식 등을 이용하고 있다.

① 검수일지: 배달에 관한 정확한 내용(날짜, 납품업자, 수량, 가격 등)을 제공해 주며 검수원이 작성하여 책임자의 결재를 받도록 되어 있다.

② 검수표: 납품서 없이 물품을 인수할 경우에 작성되는 것으로 회계부서로 보

내서 구매요구서나 추후에 보내오는 납품서와 대조하기 위해 사용된다.

③ 검수도장: 납품서나 기타 배달 시 함께 첨부된 업자의 배달표에 확인의 의미로 사용된다. 물품 검수에 대한 증명, 계산의 정확성, 대금지급의 승인을 뜻하게 된다.

④ 반품서: 검수결과, 물품을 반환할 경우가 발생하였을 때 검수원이 작성하는 문서이다. 반품서는 대금 환급의 요구나 적절한 물품의 재공급을 지시하게 되며 일반적으로 3부가 작성되어 원본은 납품서 사본과 함께 납품업자에게, 1부는 검수원이 보관하며, 나머지는 회계부서에 송부한다.

4. 송장

송장(invoice)이란, 일일시장 리스트가 선정된 공급자에게 전달되면 공급자는 물품인도 시에 인도되는 아이템에 대하여 업체가 제시하는 물품대금청구서를 함께 제시하는데, 배달되는 물품에 대한 정보가 기록된 것이다.

① 원본: 검수보고서의 작성자료가 되며, 원가관리부서에 송부되어 재검사와 원가계산을 필한 다음 회계부서에서 송부하여 대금지급을 의뢰하거나 곧장 회계부서로 송부한다.

② 사본 1: 검수부서에 보관하고 업무일지의 자료가 된다.

③ 사본 2: 저장품인 경우 재고담당자의 재고관리·자료로 사용되며, 주방 직도물품인 경우 주방 내 담당자가 관리자료로 사용한다.

④ 사본 3: 검수원이 구매부서에 송부하여 구매사항을 확인할 수 있도록 하며, 당일 구매액 산정자료로 사용된다.

⑤ 사본 4: 납품업자가 납품확인용 자료로 사용하면서 차후 대금지급 청구용 증빙서로 활용한다.

검수단계에서 합격판정을 받게 될 물품은 수량 확인(invoice stamp), 즉 시스템에 날인함으로써 납품이 완료되는데 대부분의 송장 스탬프에는 다음과 같은 내용이 기재되어 있다.

① 세법상 요구되는 구매자와 납품업자의 상호, 주소·거래번호
② 품목명, 수량, 단가, 금액, 부가세 대상여부, 세금액
③ 구매발주서의 일련번호 및 납품일자

5. 식품의 감별법

식품의 감별은 불량식품을 적발하고 불분명한 식품을 이화학적 방법 등에 의해 밝혀내며 위생상 유해한 성분을 검출하여 식중독을 미연에 방지함을 목적으로 한다.

1) 관능검사법

식품 감별 시 많이 이용되는 방법으로 인체의 오감에 의해 실시되며 그 감별요소는 다음과 같다.

① 외관요소: 선도, 색조, 광택, 형상, 크기
② 향미요소: 단맛, 쓴맛, 신맛, 짠맛, 떫은맛, 향기
③ 조직요소: 단단한 정도, 씹는 감각, 탄성, 조직감

2) 이화학적 방법

① 검경적 방법: 현미경 등의 검경에 의해 식품의 세포나 조직의 모양, 협작물, 미생물의 존재 등을 알아내는 방법
② 화학적 방법: 화학적 실험에 의해 영양소의 분석, 첨가물, 유해성분 등을 검출해 내는 방법

③ 물리적 방법: 식품의 본질을 감별하는 방법

④ 생화학적 방법: 생화학적 실험에 의해 효소반응, 효소활성도 등을 측정함으로써 식품의 품질을 감별하는 방법

제 **7** 장

저장, 입·출고관리

| 제7장 | 저장, 입·출고관리 |

제1절 저장관리

1. 저장관리의 의의

저장관리란 일반적으로 납품된 물품을 수요자에게 공급할 때까지 일정기간 합리적인 방법으로 납품검사에 합격된 상태 그대로 변질되지 않도록 보존 관리하는 것을 말한다.

식품저장관리란 식품을 구입하여 조리할 때까지 영양손실이 없고, 부패되지 않도록 잘 관리하는 것을 말한다.

1) 저장관리의 목적

적절한 저장시설을 활용하여 납품된 물품을 품목별·규격별·품질특성별로 체계적으로 분류하여 위생적인 상태로 저장고(창고)에 보관하는 것이다. 즉 물품의 원상태 유지와 낭비 및 손실을 최소화하면서 도난이나 부패를 방지하는 데 있으며, 적정재고량을 유지하면서 원활한 입·출고 업무를 수행하는 데 있다. 이의 목적은 다음과 같다.

① 체계적이고 위생적인 안전상태에서의 물품의 분류 및 적재·보존
② 원상태 유지와 낭비·손실·폐기율의 최소화

③ 도난 및 부패 방지

④ 적정재고량의 유지

⑤ 원활한 입·출고 업무의 수행

⑥ 자산의 보존

2. 저장관리의 원칙

저장관리 시 많은 비용이 발생하는 주된 원인은 부적절한 저장으로 인한 물품의 손상·부정·유출, 부적당한 관리로 인한 노동력의 낭비 등을 들 수 있다. 관리자는 식자재의 손상으로 원가상승이 초래되지 않도록 항상 조심하고 경계해야 한다. 부패성이 강한 물품은 매일 점검하여 관리하고, 재고 회전속도가 느린 품목은 실사용자에게 수시로 보고하여 효율적인 저장관리가 이루어져야 한다.

1) 저장품위치의 표식화 원칙

저장물품은 품목별·규격별·품질특성별로 분류하여 저장고 내의 일정한 위치에 표식화하여 적재되어 있어야 한다. 특히 입·출고가 빈번하게 발생하는 품목부터 출구에서 가까운 곳이나 운반을 하기 위한 동선이 짧아야 하며, 쉽게 눈에 띄는 장소에 표식화해서 적재되어 있어야 한다.

2) 분류저장의 체계화 원칙

저장고에 물품을 적재할 때에는 주로 품목별로 분류한 후 입·출고의 빈도수, ABCD, 가나다라 등의 순서와 기호를 사용하여 정리·정돈하게 된다. 또는 대분류·중분류·소분류·세분류·세세분류 등의 분류법을 사용하여 체계적인 저장관리를 하기도 한다.

3) 품질보존의 원칙

물품을 납품 당시의 원상태 그대로 보존하는 것으로, 품질에 변화를 주지 않고 신선한 상태에서 관리하는 것이며, 온도·습도·통풍 등에 대한 세심한 배려와 구서·구충 등의 저장시설을 활용하여 품질변화를 최소화시켜야 한다는 원칙이다.

4) 선입선출의 원칙

물품 출고 시 먼저 입고된 물품이 먼저 출고되어야 한다는 원칙이다. 즉 물품 적재 시 나중에 입고된 물품은 처음에 입고된 물품의 뒤쪽에 적재하고, 유효일자나 입고일을 꼭 기록하고, 선입·선출에 입각하여 출고관리가 이루어져야 한다. 선입·선출 원칙의 활용으로 물품낭비의 가능성을 줄이면서 선도 유지로 양질의 제품을 만들 수 있다는 것이다.

5) 공간활용의 극대화

물품을 저장하기에 충분한 저장시설 공간이 확보되어야 한다. 저장공간은 물품의 양과 부피에 따라 결정되며, 여기에는 물품 자체가 점유하는 점유공간 및 물품 운반장비의 가동공간도 고려되어야 한다.

3. 저장관리자의 직무수행 시 고려사항

저장고(창고) 관리자의 일반적인 직무수행 시 고려해야 할 주요 내용은 다음과 같다.

① 물품의 수량을 어느 정도 발주할 것인가?(발주량)
② 언제, 어느 시기에 발주해야 하는가?(발주시기)
③ 불확실성에 대비해서 얼마나 재고량을 유지할 것인가?(적정재고량 유지)
④ 재고보존은 어떻게 할 것인가?(재고 보존방법)

⑤ 향후의 메뉴 및 제품계획의 적합성은 어떤가?(미래의 적합성 여부 판단)

4. 저장고의 기능

저장고 관리직원은 물품의 출고량 및 출고시기를 관리하며, 도난이나 부패 등으로부터 제품의 손실을 예방하는 기능이 있다.

① 보안위반의 일반적인 형태로서 업무 이외 시간 출입을 최소화하기 위해 저장고 운영시간이 관리표준을 따르고 있는지 확인한다.
② 보안 확보를 위하여 저장고 열쇠 사용에 대한 통제를 엄격하게 유지한다.
③ 저장고의 청결한 위생상태를 유지한다.
④ 재고물품의 품질이 저하되거나 손상되지 않도록 물품을 적절한 장소에 품목별로 보관하고, 적절한 보관온도를 유지한다.
⑤ 냉동고에서 육류와 해산물이 적절하게 보관되고 있는지 확인한다.
⑥ 매월 말 조리책임자와 식음료책임자에게 재고회전율이 낮은 물품에 대해 보고한다.
⑦ 모든 물품에 단위원가가 기재되었는지, 부패하기 쉬운 제품은 유통기한이 명시되어 있는지, 업자의 출처가 날인되었는지 확인한다.
⑧ 식품의 입·출고 순환과정을 관리한다.
⑨ 재고순환과정에서 선입·선출 여부를 확인한다.

5. 식품저장방법

1) 식품창고에 저장

곡류, 건어류, 양념류, 근채류 등 상온에서 보존이 가능한 식품을 식품창고에 저장하는 방법이다.

저장방법의 유의사항은 직사광선을 피하고 실온을 유지해 주어야 하며, 방습·통풍·환기 등의 조건을 제공해 주어야 한다. 건조 저장실의 온도는 10~24℃가 가장 적합하고 습도는 50~60% 정도를 유지토록 한다.

미역, 통조림, 파우치 제품은 직사광선을 피하여 서늘한 실온에 저장하고, 감자, 고구마, 양파, 마늘은 서늘하고 바람이 통하는 곳에 저장하며, 콩, 곡류, 건어물도 통풍이 잘되며 그늘지고 건조한 곳에 보관한다. 바나나, 파인애플, 망고, 멜론 등 열대과일은 실온에 보관하는 것이 좋다.

2) 냉장고에 저장

냉장고에 저장하는 식재료는 식품을 넣거나 출입문의 개폐에 따른 온도의 하강과 상승을 가져올 수 있으므로 계측온도계 등을 이용하여 냉장고의 보존온도가 5~10℃ 정도를 유지할 수 있도록 한다.

주로 생선류·어류·육가공품·버터·마가린 등의 고형 유지류, 우유·유제품·마요네즈 같은 것은 상온에서 품질이 저하되기 쉬우며, 냉동에도 적합하지 않은 식품류이다.

냉장상태는 미생물의 번식을 지연시킬 뿐 완전히 막을 수는 없으므로 냉장저장 품목은 배달 즉시 냉장저장실로 운반한다. 규모나 종류는 업소의 유형, 제공메뉴, 구매방침에 따라 달라지는데, 적절한 냉장시설의 운영은 원가비용 절감의 원인이 된다.

3) 냉동고에 저장

대부분의 식재료는 저온상태에서 장기간 저장해야 한다. 세균의 번식을 방지해서 품질의 저하를 억제해야 하므로 냉동고의 온도관리가 중요하다.

냉동고의 적정온도는 −20℃ 이하를 유지할 수 있도록 철저한 시설관리를 해야 함과 동시에 냉동식품 저장공간 또한 충분히 확보해야 한다. 냉동고에 저장할 수 있는 식품은 주로 냉동어류·냉동육류·캔류 등이 있으며 참치 같은 특수품목은

-50℃에서 보관하는 것이 중요하다.

　냉동식품을 녹여서 조리해야 할 경우에는 반드시 냉장실이나 해빙고에서 녹이 도록 하고, 일단 얼었다 녹은 식품은 재냉동하지 않도록 한다. 해빙고는 냉동식품 의 해빙을 위해 실내온도나 상품에 관계없이 4℃가 유지되도록 한다.

[냉장 · 냉동 보관방법]

위치		보관방법
냉장	입구	• 윗부분: 잼이나 소스류 등 부피가 크지 않고 보관용기 높이가 낮고 무 겁지 않은 제품 • 중간부분: 냉장고 높이 구분에 따라 음료수 등을 배치 • 아랫부분: 신선도가 중요한 우유 등을 배치(도어 중 온도가 낮음)
	안쪽	• 위 칸: 2~3일 후에 먹을 식재료 보관(손이 쉽게 닿지 않음) • 두 번째와 세 번째 칸: 파 등 채소, 과일, 두부, 곧 먹게 될 김치, 반찬 등을 위치에 맞게 보관(사용하기 가장 편한 칸) • 네 번째 칸: 여유공간을 두어 언제든지 보관 • 다섯 번째 칸: 곧 사용하게 될 생선, 육류 등을 보관 • 야채와 과일 칸: 적절하게 분리시켜 보관(특히 사과)
냉동	입구	• 밀폐용기에 곡류, 가루, 멸치, 견과류 등 보관
	안쪽	• 마늘과 다진 것, 밥, 떡, 식빵, 채소 데친 것, 토막생선, 육류, 닭고기 등을 보관

자료: 서정숙 외, 식생활관리, 신광출판사, 2010, p. 200.

4) 식자재 저장관리

　식자재 저장관리에서 중요한 것은 안정성, 위생, 지각(물품배열, 재고조사 대장 의 순서, 선입선출, 재고카드의 부착, 식품특성분리 등), 창고보안(열쇠관리, 재고자산 보호방안, 도난 부패 등)을 철저하게 관리해야 한다. 벽면에서 5cm 이상, 바닥에서 25cm 이상 간격을 유지하여 통풍이 원활하게 한다.

[식품별 관리 적온]

품목		저장방법	적정저장온도	유효기간	해당식품
냉동육		냉동	−18℃ 이하	최대 24개월	소고기, 돼지고기, 양, 가금류 등
냉장육		냉장	0~5℃	최대 60일	국내산 육류 및 수입육 일부
냉동 수산물		냉동	−18℃ 이하	최대 24개월	어류, 패류, 연체류 등
야채 및 과일류		냉장	3~6℃	−	오렌지, 아스파라거스 등
		냉동	−15℃	최대 24개월	냉동송이, 죽순, 냉동감, 냉동리츠, 냉동망고스틴
유제품 및 난류		냉장	0~5℃	15일~1년	생크림, 버터, 치즈, 마요네즈
가공식품류		실온	15~20℃	12~36개월	캔류, 향신료, 곡류
주류	레드와인	실온	15~18℃	−	와인류
	화이트와인	냉장	2~6℃	−	와인류
	증류주, 혼성주	실온	15~20℃	−	위스키, 증류주, 리큐어주
음료		실온		6~24개월	탄산음료 및 주스 등

자료: 박정숙, 식품구매론, 효일, 2006, p. 137.

제2절 입·출고관리

1. 입고의 의의

납품된 물품이 검수과정을 거쳐 냉장고에 입고되면 생산이나 각 영업장 등 사용부서에서 요구할 경우 재고가 있는 한 출고해야 한다. 입고관리는 효율적인 물품의 저장과 원가관리를 통해 현물(現物)과 양식에 대한 기초적인 정보자료를 제공하고, 특히 원가관리에는 매우 중요한 역할을 한다. 저장고는 기업 전체의 사용물품을 위한 장소로서 생산라인과 판매라인에서 필요로 하는 이상의 충분한 저장시설을 구비하여야 한다. 또 보관 및 관리기능을 동시에 수행하기 때문에 저장고의 설계는 곧 원가관리에 큰 영향을 미치게 된다. 또 세분화하여 구분된 저장시설은 물품의 입·출고, 월말재고조사 등의 업무수행을 신속·정확하게 할 수 있게 한다. 따라서 검수단계를 거친 후 직접생산이나 영업장으로 배달되는 물품은 송장과 일일시장 리스트(Daily Market List)에 의해서 통제되고, 저장고에 입고하는 물품들은 구매부서에서 저장고 관리자에게 보내온 구매발주서의 사본, 물품수령 시 제출한 송장, 검수결과 작성된 검수보고서(혹은 검수완료보고서)에 의해 통제된다. 이와 같이 입고관리는 물품의 효율적인 입고, 원가관리의 정보제공, 그리고 현물과 양식에 의한 통제 등을 위해 중요하다.

[구매물품의 배송 및 운반과정]

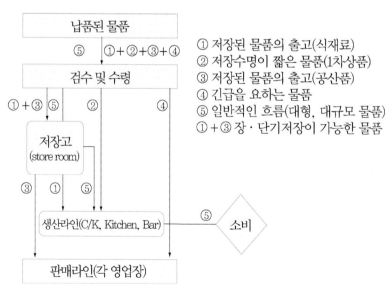

자료: 박정숙, 식품구매론, 효일, 2006, p. 141.

2. 출고의 의의

출고(issuing)는 납품된 물품이 사용부서의 요구에 의해 저장고로부터 생산부서 및 각 영업장으로 출하되는 과정을 말한다. 즉 검수과정을 거쳐 저장고에 입고된 물품을 필요에 의해 지급하는 것을 의미한다.

검수 후 저장고를 거치지 않고 직접 생산부서로 출고하는 방법과 검수 후 저장 고를 거친 다음 일정기간 보관 후 생산부서의 요청에 의해 출고하는 두 가지 방법 이 있다. 건조·냉장·냉동·저장고를 사용하거나 건조물품의 저장인 경우에는 상 온저장을 하며, 물품 출고 시에는 출고전표를 활용하고 있다.

3. 출고관리의 유형

직접출고는 직도구매(direct purchase)를 함축하는 의미로서 대부분 저장고를 필 요로 하지 않으면서 보존이 어려운 비저장품이나 구매 당일에 사용할 물품을 뜻한 다. 이것은 물품검수가 끝난 후 생산부서나 각 영업장으로 곧장 이동하여 사용되 는 유형으로, 당일 식품원가항목에 계산되는 방법이다. 이러한 방법의 특징은 당 일에 소요되는 물품의 양만을 구매하는 경우로 과채류·유제품류·빵류 등이 이 에 속한다.

직도구매의 특성은 다음과 같다.

① 최상의 품질 및 신선도의 유지
② 물품부패와 변질가능성의 방지
③ 기업 내 유통관리 축소로 인한 원가상승요인의 최소화(투자 및 비용)
④ 상품(메뉴)의 품질유지
⑤ 원가관리의 중요성

4. 저장품 출고

저장품 출고는 저장품 구매의 의미를 내포하는 것으로서, 저장품의 경우 1일 이상 저장고에서 보유되는 품목으로 사용부서의 요구에 의해 출고되는 것을 말한다. 캔류·병류, 기타 패키지제품 등으로 쌀·밀가루·부식류와 주류·음료류·육류·생선류·장류(된장, 간장, 고추장) 등이 대부분이다. 저장품의 대부분은 물품특성에 따라 상온·냉장·냉동저장을 활용하며, 업무수행을 위한 관리와 식별 그리고 일별 원가계산을 위해서 tag(꼬리표)이 부착된 경우가 대부분이다. 특히 육류 출고 시에는 택(tag)을 제거해야 하며 택에 표기된 금액은 출고전표에 기재하고, 이 서류에 택을 첨부하게 된다. 또 저장품이 출고되기 전까지는 재고로 간주되어 원가계산에 반영하지 않지만, 일정시점에서 결산을 할 때는 저장품에 대한 가치를 평가하여 원가계산에 반영하게 된다.

1) 출고관리의 절차

저장고에 입고된 물품이 사용부서의 요청에 의해 출고될 때에는 정해진 절차에 의해 이루어지며, 이때 사용되는 양식을 출고전표 또는 물품청구서나 물품요구서(requisition form)라 한다. 출고전표는 업체별로 다양하고, 한 가지의 양식이나 주요 품목별로 별도의 양식에 준하여 출고행위가 이루어지지만, 대체로 다음과 같이 세분화되어 사용되기도 한다.

창고 관리자는 구매대장에 의한 가격을 입수하여 청구서에 단가와 총 출고가격을 기입하여 보관하였다가 하루의 출고가 마감되면 출입고대장에 기입하여 회계담당에게 보내어 일일 식자재의 총액을 계산하도록 한다.

2) 출고전표의 종류

건조물품 출고전표, 육류 및 육가공품 출고전표, 식료출고전표, 음료전표, 냉장품 출고전표, 냉동품 출고전표, 주류전표, 장류출고전표, 비품전표 등이 있다.

3) 출고전표의 작성

출고전표는 사용부서인 생산부서나 각 영업장에서 작성하는데, 작성부서에서 결재를 받은 다음 저장고 출고담당자에게 제출하면 물품이 있는 한 출고시키고, 원본은 출고담당자에게, 사본은 원가관리나 회계부서, 그리고 나머지 사본은 사용부서에서 보관한다.

출고전표는 누가(요구부서), 무엇을(물품), 언제(요구시기), 얼마나(수량) 등과 같은 출고에 관한 상세한 내용이 기록되어 있으며, 사용부서의 요구 시 출고되어야 한다. 또 출고담당자는 언제(출고일), 어디에(요구부서), 무엇을(물품), 얼마만큼(출고수량) 등의 장부가 기록된 입·출고대장, 물품카드(bin card)나 입출고·재고기록카드 등을 정리하여 현재의 실제 재고카드상의 재고가 항상 일치하게 작성해야 한다.

4) 출고보고서의 작성

출고전표에 의해 물품출고가 완료되면 1일 출고보고서와 월말출고보고서를 작성하게 된다. 월말출고보고서는 1일 출고보고서를 기준으로 작성하는데, 한 달 동안의 전체 물품원가를 계산하는 기초정보자료로 활용된다.

한편 입·출고 기록과 관련된 양식의 경우 업체별로 차이가 있으나 품목·날짜·가격·수량·재고량 등이 기재된 품목카드(물품카드)라 불리는 bin card가 있고, 현물을 확인하지 않고 기록하는 PI(Perpetual Inventory) 카드가 있으며, 합리적·과학적·경제적 기록방법인 전산화시스템 활용법이 있다.

5) 출고관리자의 기능

식음료 영업장으로 물품을 출고할 경우, 물품의 출고를 위해 적절한 허가절차를 거침으로써 일일 사용을 위한 적절한 수량을 관리할 필요가 있다. 이러한 과정에서 출고 담당직원이 수행할 일은 다음과 같다.

① 정확히 기록하고 모든 식음료 출고기록을 갱신한다.

② 적절한 청구과정을 준수한다.

③ 직접 출고수량을 각 영업장으로 정확히 할당한다.

명확한 출고요청 및 허가과정을 통해 출고 후 저장고의 재고변동을 확인할 수 있을 뿐만 아니라, 저장고에서 물품을 인출하는 영업장을 관리할 수 있다.

제 **8** 장

재고관리

제8장 재고관리

제1절 재고관리

1. 재고관리의 의의

재고관리는 고객의 수요를 만족시키고 생산자의 생산조건을 고려하여 필요한 수량의 상품을 보완하는 관리로서 기업의 재무관리에 있어 가장 중요한 요소이다.

재고는 일반적으로 장래의 수요·출하에 대비한 자원의 일시적인 정체로서 이러한 재고를 관리하기 위하여 총물류비의 25~40%가 소요되고 있고, 제조업의 경우 총자산의 40~50%가 재고로 유지되고 있으므로 재고를 줄이기 위한 적절한 관리가 요청된다.

재고관리는 단순히 물품의 수발(수주·발주)을 중심으로 한 재고관리와 일반적인 경영계획의 일환으로 발주량과 발주시점을 결정하고 실시 면에서 발주·납품(입고)·출고·이동·조정·기록 등의 업무를 수행하는 경영적 관점에서 본 재고관리의 양면성을 가지고 있다.

기업의 재고관리활동은 기업이 보유하고 있는 각종 제품, 반제품, 원재료, 상품, 공구, 사무용품 등의 재화를 합리적·경제적으로 유지하기 위한 활동이다.

재고(inventory)는 불확실한 수요와 공급을 만족시키기 위한 물품의 적절한 보관 기능을 의미한다. 즉 수요란 필요를 의미하고, 공급이란 그 필요를 만족시키는 행위이다. 미래의 수요라는 것은 그 수요의 발생시간과 수요의 양에 있어서 불확실성을 함축하고 있는데, 재고는 이러한 불확실한 미래의 수요를 시간적으로 충족시키기 위해서 필요한 것이다. 재고를 최적으로 유지·관리하는 총체적인 과정을 재고관리라 하며 발주시기·발주량·적정재고수준을 결정하고 시행하는 전체과정을 의미한다.

재고관리와 관련된 비용으로는 구매단가(purchase cost), 발주비용(order cost), 보관 및 유지비용(holding cost or space), 재고품절에 따른 손실비용(stock out cost) 등이 주종을 이루며, 이러한 비용의 합계가 총재고비용이 된다.

1) 재고관리의 목적

재고관리는 물품의 품절을 방지하여 소비자에 대한 판매실기(失機)를 제거하는데 그 목적이 있다. 하지만 재고는 재고의 유지관리를 위한 비용인 창고비용·인건비·이자·보험·제품진부화 등에 문제가 있으며, 더구나 재고가 많으면 과잉재고가 되고, 적으면 품절로 인해 기회를 상실하게 된다. 따라서 비용을 최소화하고 적정재고를 유지·관리하면서 구매활동이 이루어져야 한다.

2) 재고관리의 기능 및 중요성

재고관리와 관련된 부서로는 다양한 물품을 조달받는 기능의 생산부서, 편리성·정확성·신속성·저렴성·물품공급성 기능의 구매부서, 정확한 재고조사 및 재고자산 가치평가기능의 원가관리(경영관리)부서로 구분된다. 원가관리상 재고관리의 기능은 다음과 같다.

① 유통상의 문제발생 시 안전요인의 제공
② 적절한 범위 내에서의 재고투자의 최소화
③ 물품에 대한 품질 및 안전보호
④ 실제분량과 예측물량 간의 차이 제공
⑤ 재무보고서에서 필요한 재고액의 제공

⑥ 다양한 물품용도의 제시

⑦ 물품 사용빈도의 제시

⑧ 재고보충시기의 제시

재고관리의 중요성은 아래와 같다.

① 물품부족으로 인한 생산 및 판매계획의 차질 방지

② 최소의 가격으로 최상의 품질 구매

③ 경제적인 재고관리로 투자 및 비용의 최소화

④ 낭비·부패·변질·해충피해 등으로 인한 손실의 최소화

⑤ 원가절감 및 관리의 효율성 제고

2. 재고관리의 유형

재고관리의 유형은 조사 및 기록방법에 따라 영구재고 시스템과 실사재고 시스템의 두 가지 방법으로 분류할 수 있다. 일반적으로 재고조사는 물품관리자와 저장고 책임자가 실시하거나 필요시 관련부서의 입회하에 실시되기도 한다.

재고조사의 결과는 물품의 자산적인 가치에 해당하기 때문에 원가계산 및 관리(경영관리)를 위한 회계상의 정보자료이기도 하다. 즉 재무회계상의 제조원가는 자산으로 간주되며, 일반적으로 인정된 회계원칙상 재무제표에 자산으로 보고되는 제품의 모든 원가는 재고가능원가(inventoriable costs)인데, 재고물품이 판매될 때만 매출원가의 형식으로 비용이 된다. 일반적으로 물품을 구입할 때의 유일한 재고가능원가는 물품구입원가이며, 판매하지 않은 물품의 경우는 대차대조표상에서 자산으로 나타나고 재고자산으로 표시된다. 따라서 저장고에 재고로 있는 물품이 필요부서에서 청구서에 의해 출고될 때, 원가는 매출원가로 비용화되는 것이며, 영구와 실사재고방법에 의해서 조사되고 기록하게 되는 것이다.

재고는 기능에 따라 그림과 같이 파이프라인재고, 순환재고, 안전재고, 비축재고, 완충재고 등으로 구분할 수 있다.

자료: 김태웅, 생산·운영관리의 이해, 신영사, p. 204.

① 파이프라인재고(pipeline inventory): 공장에서 물류센터, 물류센터에서 대리점, 대리점에서 소비자 등으로 이동 중인 재고를 말한다. 파이프라인재고는 출고, 수송, 하역 등 수송 및 자재처리에 소요되는 시간에 의해 결정되므로 이 시간을 줄이지 않고서는 파이프라인재고를 줄일 수 없다.

② 순환재고(cycle inventory): 생산준비 비용이나 주문비용을 줄이거나 가격할인을 받기 위해 필요 이상을 주문할 때 사용하고 남는 재고를 말한다. 재고관리의 중요한 대상이 되는 재고 유형이다.

③ 안전재고(safety inventory): 주문한 물량이 도착하는 데 소요되는 시간이나 리드타임 동안의 수요가 일정한 경우는 드물며 대개 불확실성이 개입되게 마련이다. 안전재고는 수요의 불확실성에 대비하여 추가적으로 보유하는 재고로서 평균 수요량 이상 보유하는 재고를 의미한다.

④ 비축재고(anticipation inventory): 파이프라인재고, 순환재고, 안전재고 등을 설명하는 데 있어 단위기간당 수요는 거의 일정하다고 가정하였다. 수요가 계절에 따라 변동하거나 원자재 가격이 상승하리라 예상될 때에는 미리 재고를 충분히 확보하여 대비하는 것이다.

⑤ 완충재고(decoupling inventory): 시스템 전반에 걸쳐 각 재고보유처가 적절한 양의 재고를 보유함으로써 각 재고보유처의 의사결정이 어느 정도 독립적으로 행해지도록 조정하는 것이다.

1) 영구재고시스템

영구재고시스템(perpetual inventory system)은 재고계속기록법(perpetual inventory method)이라고도 하며, 저장고에 있는 재고자산의 증가나 감소를 계속적으로 기록하는 과정이다. 즉 물품의 입·출고량을 계속해서 기록함으로써 남아 있는 재고의 품목과 수량을 파악하여 합리적인 적정재고량을 확보하는 방법이다. 이러한 기록을 통하여 재고자산의 가치평가뿐만 아니라 손익계산서상의 매출원가도 계속해서 알 수 있게 된다. 또한 이것은 관리적인 통제와 중간 재무제표의 작성을 용이하게 한다. 이러한 영구재고시스템의 특성은 다음과 같다.

① 구매물품에 대한 저장고의 정보 및 자료 제공
② 과잉구매와 과소구매의 관리
③ 지속적인 재고의 수치 제공
④ 재고품의 변화추이 제시
⑤ 제품의 선입·선출이 용이

영구재고시스템을 기록하는 카드에는 품목명과 코드번호, 크기, 공급처, 기준(par), 재주문시점 및 재주문량 등이 기록되어 있다. 특히 par stock, lead time, reorder point라는 용어가 사용되는데, 여기서 par stock이란 보유하고 있어야 할 특정품목에 대한 재고의 최대와 최소량을 의미한다.

또 lead time은 특정물품을 주문하여 도착할 때까지 걸리는 시간, 즉 물품의 공급기간(조달기간)을 의미하고, reorder point는 재주문점이라 하는데, lead time, 일정기간 동안의 소비량, 구매주기를 토대로 재주문을 결정하게 된다.

par stock 관리에서 재고보유 상한선의 결정은 다음과 같은 정보를 가지고 하는 것이 일반적이다.

① 공간 및 최대용량
② 사전에 설정된 재고가치에 대한 제한
③ 발주빈도 및 소요량(사용량)
④ 공급시장의 여건 및 공급자의 최소 주문요구량

2) 실사재고시스템

실사재고시스템(physical inventory system)은 재고실사법(periodic inventory system) 이라고도 하며, 저장고에 보유하고 있는 물품의 수량과 목록을 실사하여 확인하고 정리하는 기록방법이다. 이것은 주기적으로 재고를 실사하고 영구재고의 단점인 부정확성을 보완하는 방법으로 실제 재고량과 영구재고관리에서의 재고기록대장을 비교하게 된다. 특히 물품의 도난이나 입·출고기록상의 문제점을 파악할 수 있으며, 효율적인 재고조사를 위해 자체 내의 규격조사기준에 의해 실시하게 된다. 실사재고시스템의 활용 시 유의사항은 다음과 같다.

① 실사를 위한 재고관리에는 물품확인과 기록업무 등 최소한 2인 이상이 요구됨
② 실사재고조사의 기록은 물품의 저장순서에 입각하여 시간절약을 최소화해야 함
③ 실사 전 품목의 가격을 사전에 기록하여 준비
④ 저장고의 모든 물품은 사전에 택(꼬리표) 부착

3) 영구재고기록법의 흐름

정해진 절차에 따라 저장품이 출고되면 창고담당자는 영구재고카드에 기록하고, 이때 출고된 저장품은 감소된다. 출고된 저장품에 대한 정보는 생산부서에 전달되고, 원가담당자는 재고자산 계정에서 출고원가를 감하게 되며, 이 감소분은 비용 계정에 출고된 물품원가로 기록되어야 한다.

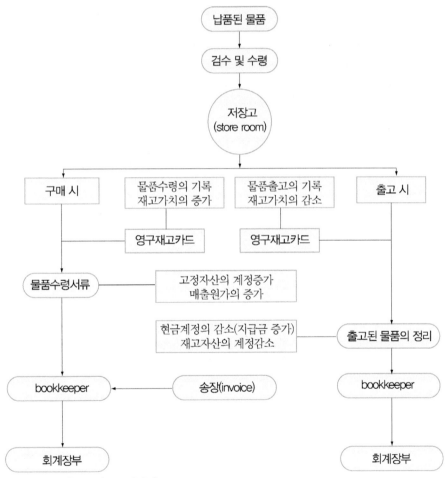

자료: 홍기운, 식품구매론, 대왕사, 2001, p. 285.

[영구재고기록법의 업무 흐름]

이와 같이 영구재고시스템과 실사재고시스템을 상호 보완하여 적정재고관리에 활용하면 보다 이상적이라고 할 수 있다. 원가계산을 위한 이 두 가지 방법을 활용한 실사재고조사의 저장방식은 다음과 같이 간단하게 나타낼 수 있다.

[저장고 재고액의 계산식 및 차이분석]

- 영구재고조사법 ▶전월재고량(이월재고량 = 초기재고량 = 기초재고량)
  = 월초재고량 + 당월구매량(당월입고량 = 당기구매량)
  = 총재고량
  − 당월재고량(금월재고량 = 기말재고량 = 월말재고량)
  = 당월사용량(금월사용량 = 당월소비량)

- 실사재고조사법 ▶당일 사용량(재고조사 당일에 사용한 양)
  +출고량(회기기간 동안)

- 차이분석

  영구재고조사법　　　　　　　　　　실사재고조사법
  −실사재고조사법　　　또는　　　− 영구재고조사법

  ※ 상기 수량 대신 금액으로 표기하여 계산하기도 함.

3. 재고관리기법

1) 80/20 관리기법

80/20 관리기법(80/20 inventory control method)은 재고관리와 원가관리의 측면에서 접근하는 이론으로서 구매물품 20%가 전체 구매액의 80% 정도를 차지하고 있으며, 이 20%가 매출원가의 80% 정도를 차지하고 있다는 기법이다. 때문에 20%를 차지하는 구매물품은 나머지 80%를 차지하는 구매물품보다 구매활동의 전체과정에서 집중적으로 관리하자는 내용을 의미하는 것이다.

2) ABC 관리기법

1950년대 초 GE사의 H.F. Dickie가 제안한 ABC 관리기법은 백화점과 같이 재고관리품목 수가 많은 경우에 유용하게 사용될 수 있는 기법이다. ABC 관리기법에서 사용금액이 큰 품목 순으로 기입할 때 활용하는 재고관리이다.

재고관리의 등급별 특성을 살펴보면, A등급 품목의 경우 고가치·고가품으로 육류·생선류·어패류·주류가 이에 해당된다. 이는 전체 재고량의 10~20%를 차지하며, 재고액의 70~80%를 차지하는 품목들이다.

ABC이론은 구매 및 물품에 대해 연간 사용액을 산출해서 사용액별로 A등급, B등급, C등급으로 분류하고, 구매 및 재고물품의 중요도나 가치에 따라 차등적으로 관리하는 방법을 의미한다.

이와 같이 재고물품을 그룹별로 분류하는 목적은 물품의 중요도에 따라 적절한 통제를 하기 위함이며, 분류방식은 업체별로 약간씩 차이가 있을 수 있으나, 다수의 물품보다는 소수의 중요물품을 중점관리하고 중요도의 구분은 파레토분석 (Pareto analysis)을 활용한다.

이 품목은 가능한 재고수준을 적게 유지해야 하고, 영구재고시스템으로 철저히 관리해야 하며, 발주방법으로는 발주주기가 짧은 정기발주시스템을 적용한다.

B등급 품목의 경우 중가치·중가품으로 과일류 및 채소류가 이에 해당되며, 전체 재고량의 20~40%를 차지하고, 재고액의 15~20%를 차지하는 품목들이다. 이 품목들은 일반적인 재고관리시스템을 적용한다.

C등급 품목의 경우 저가치·저가품으로 밀가루·설탕·세제·유제품이 이에 해당되며, 전체 재고량의 40~60%를 차지하지만, 재고액의 5~10%를 차지하는 품목들이다.

[ABC group 구분기준]

구분	분류	총재고량 중 점유비율	총재고액 중 점유비율
A	고가치품	10~20%	20~80%
B	중가치품	20~40%	15~20%
C	저가치품	40~60%	5~10%

3) 재고관리방법

① 상품 재고량의 적정화: 적정재고량이란 판매 출하량을 기준하여 상품이 절품되지 않도록 발주 보충관리를 함으로써 적정화를 통한 재고비용 절감과 운전자금을 원활화하는 것이다. 일반적으로 출하량의 적정선은 1개월 전후로 점검하여 월간 출하량의 0.5~1.2배 정도이다.

② 선입선출의 실시: 입고순서에 따라 상품을 출하하는 방법으로 제품의 수명주기가 짧거나 인플레이션이 유발될 때 많이 이용하며 특히 고층 및 중층 래크를 설비한 경우에는 이 방법으로 출하해야 한다.

③ 상품매매의 파악: 판매관리는 출고상품에 따라 출하가격의 ABC 분석을 실시하며, 사이클은 상품특성에 따라 3개월에 1회 정도 실시하는 것이 효과적이다.

④ 데드 스톡 방지관리: 데드 스톡의 증대는 자금관리에 적신호를 가져오기 때문에 재고상품은 1개월에 1회 정도 확인하여 이를 조절하는 것이 좋다.

⑤ 사무처리 비용 절감의 노력: 사무관리의 자동화를 통해서 재고관리상의 제 절차를 하나로 통일할 수 있으므로 재고비용 및 상품주문에 관련된 제 비용과 상품부족에 따른 피해손실을 방지할 수 있다.

⑥ 소비자에 대한 서비스 향상: 적절한 재고량과 품절방지를 통해 소비자 요구에 부응하는 적량의 물품을 적시에 공급할 수 있다.

[재고의 과다 · 과소에 따른 장단점]

재고 과다의 경우	재고 과소의 경우	적정재고의 경우
자금운용이 곤란	자금활용 가능	계획적인 자금운용
재고비용의 과다소비	재고비용의 축소	유지비와 발주비의 최적치를 구할 수 있음
대량발주 단위로 비용감소	소량다발 발주로 비용증가	
품절 · 결품률 감소	품절 · 결품률 증가	적정서비스율 유지
재고품의 손상 · 열화 사례가 많음	재고품의 손상 · 열화 사례가 적음	재고품의 손상 · 열화 사례가 많음
재고회전율이 나쁨	재고회전율이 좋음	재고회전율이 좋음
보관시설의 과다	보관시설의 감소	적정규모의 보관시설 확보가능
창고 내 물품이동, 정리 등 시간과 노력이 많이 소요	창고 내 물품이동, 정리 등 시간과 노력이 적게 소요	작업을 계획적으로 수행
다수의 인력 · 장비 필요	소수의 인력 · 장비로 가능	적정인원 · 장비로 가능
서비스율이 높음	서비스율이 낮음	적정 서비스수준 유지
화재 · 도난의 위험부담이 큼	화재 · 도난의 위험부담이 적음	적절하게 대처
재고수량관리가 어려움	재고수량관리가 쉬움	재고수량관리가 용이

자료: 추장엽 · 김웅진 공저, 물적유통론, 형설출판사, 2003, p. 417.

4. 재고관리비용

재고와 관련해서 발생하는 비용으로 크게 주문비용, 생산준비비용, 재고유지비용, 재고부족비용 등을 들 수 있는데, 이들 비용은 재고관리시스템의 선택 및 운영방침에 영향을 미친다.

1) 주문비용

주문비용은 구매 또는 생산의뢰를 하는 데 필요한 제반 활동과 관련된 비용을 말한다. 외부에서 구매하는 경우 구매처 및 가격의 결정, 주문에 관련된 서류작성, 물품수송, 검사, 입고 등의 활동이 주문비용을 발생시킨다. 외부에서 구입하지 않고 자체적으로 생산할 때에는 생산준비 비용이 주문비용의 역할을 하게 되는데 생산공정의 변경, 기계, 공구의 교체 및 이로 인한 작업시간의 손실 등이 그 내역을 구성한다.

2) 재고유지비용

재고유지비용은 재고를 유지·보관하는 데 소요되는 비용이다. 재고유지비용 중 가장 큰 비중을 차지하는 항목은 이자비용 또는 자본비용으로, 현금이나 유가증권 등의 유동자산으로 가지고 있지 않고 재고형태로 자금이 묶임으로써 지출하는 비용으로 기회비용적인 성격이 있다. 이외에도 재고유지비용에는 취급, 공간, 보험, 세금, 도난, 진부화 및 파손 등에 따른 비용이 포함된다.

3) 재고부족비용

재고부족비용은 충분한 재고를 공급하지 못함으로써 발생하는 판매 손실 또는 고객상실 등을 비용화한 것으로 기회비용의 개념에 그 근거를 두고 있다. 이러한 기회비용은 개념상으로 명확하지만 실제 측정은 어렵다.

제조기업인 경우 재고부족비용은 조업중단이나 납기지연으로 인한 손실액까지 포함한다. 재고가 동이 나는 경우 고객은 공급이 재개될 때까지 기다릴 수도 있고, 다른 곳으로 주문을 돌릴 수도 있다.

5. 재료소비량의 계산

재료비는 재료소비량×소비가격 = 재료비로 계산하기 때문에 재료비를 구하려면 소비량과 소비가격, 즉 단가를 사용하지 않으면 안된다. 재료소비량 구하는 방법은 다음과 같다.

1) 계속기록법(perpetual inventory method)

이 방법은 재료를 동일한 종류별로 분류하여 들어오고 나갈 때마다 수입, 지급,

그리고 재료량을 계속기록 및 계산함으로써 일정시점의 현재보유량이나 재료소비량을 파악하는 방법이다. 계속기록법은 발주에 대한 의사결정이 신속하고 재고관리에 대한 통제가 용이하지만, 시간과 비용이 많이 소요되는 단점이 있다.

[계속기록법]

월일	적요	입고			출고			재고		
		수량	단가	금액	수량	단가	금액	수량	단가	금액
					×××					
					(재고출고표)					

2) 재고조사법(physical inventory method)

재고조사법은 원가계산 기말이나 일정시기에 재료의 실제 재고량을 조사하여 기말 재고량을 파악하는 것이다. (전기이월량＋당기구입량) － 기말재고량＝당기소비량, 즉 기말재고량을 직접현품으로 확인하는 방법으로 재고실사법이라고도 한다.

당기소비량 중에서 도난·증발·파손 등의 감소량이 발생될 수 있어 재고 통제가 어렵다.

3) 역계산법(retrograde method)

역계산법은 표준소비량(일정단위를 생산하는 데 소요되는 재료)을 정하고 제품의 수량을 곱하여 전체 재료 소비량을 산출하는 방법이다.

(제품단위당 표준소비량 × 생산량＝재료 소비량)

4) 재료비 소비가격의 계산

재료의 소비가격은 그 재료의 실제 구입원가에 의해 결정하는 것이 원칙이지만, 필요에 따라서는 예정가격에 의해 결정할 수도 있다. 이 경우 구입원가가 항상 일정하다면 문제가 없겠지만, 실제로는 구입 시기나 매입처에 따라 가격이 다를 수도 있기 때문에, 재료의 소비가격 계산에는 여러 가지 방법이 생긴다. 또한 구매에서 재고는 현재의 자산으로 평가되며, 품목별 구매시점과 구입가격이 다르기 때문에, 각각의 품목에 단위당 화폐가치를 부여하여 자산을 평가하기도 한다.

6. 취득원가법

1) 개별법(specific identification method)

개별법이란, 동일한 재료라 해도 구입별 가격표를 붙여두었다가 출고할 때 가격표에 표시된 실제 구입단가를 재료의 출고단가로 결정하는 것이다.

[개별법]

(단위당 EA, 원)

월일	적요	입고			출고			재고		
		수량	단가	금액	수량	단가	금액	수량	단가	금액
1/10	입고	500	1,000	500,000	300	1,000	300,000	200	1,000	200,000
17	입고	300	1,100	330,000	200	1,100	220,000	100	1,100	110,000
25	입고	400	1,200	480,000	200	1,200	240,000	200	1,200	240,000
합계				1,310,000			760,000			550,000

2) 선입선출법(first-in first-out method)

선입선출법은 저장된 아이템의 관리를 위해서 창고에 먼저 입고된 아이템을 먼저 출고하는 식재료 재고관리법을 말한다. 먼저 입고된 아이템을 먼저 사용함으로써 저장고에서 식재료가 부패하거나 유효기간 등을 넘겨서 원래의 가치를 상실하는 것을 예방하기 위한 식자재 재고관리법이다.

[선입선출법]

(단위당 EA, 원)

월일	적요	입고			출고			재고		
		수량	단가	금액	수량	단가	금액	수량	단가	금액
1/10	입고	500	1,000	500,000						
17	입고	300	1,100	330,000						
21	출고				500	1,000	500,000	300	1,100	330,000
24	입고	400	1,200	480,000						
29	출고				300	1,100	330,000	200	1,200	240,000
					200	1,200	240,000			
합계				1,310,000			1,070,000			570,000

3) 후입선출법(last-in first-out method)

후입선출법이란, 선입선출법과는 반대로 나중에 구입한 것부터 먼저 사용한다는 전제하에 계산하는 방법이다. 가장 오래된 품목이 재고로 남고, 재무제표상의 이익을 최소화시켜 소득세를 줄이기 위한 방법으로 이용되기도 하며, 인플레이션이나 물가가 상승할 때 활용한다.

[후입선출법]

(단위당 EA, 원)

월일	적요	입고			출고			재고		
		수량	단가	금액	수량	단가	금액	수량	단가	금액
1/10	입고	500	1,000	500,000						
17	입고	300	1,100	330,000						
21	출고				300	1,100	330,000	300	1,000	300,000
					200	1,000	200,000			
24	입고	400	1,200	480,000						
29	출고				200	1,200	240,000	200	1,200	240,000
합계				1,310,000			770,000			540,000

4) 최종매입원가법(last purchase cost method)

최종매입원가법이란 재고금액을 기말에 가장 가까운 구입단가로 평가하여 재료의 소비액을 계산하는 방법이다.

[최종매입원가법]

(단위당 EA, 원)

월일	적요	입고			출고			재고		
		수량	단가	금액	수량	단가	금액	수량	단가	금액
1/10	입고	500	1,000	500,000						
17	입고	300	1,100	330,000						
21	출고				300					
24	입고	400	1,200	480,000						
29	출고				500			400	1,200	480,000
합계				1,310,000						480,000

5) 평균원가법

① 총평균법(total average cost method)

일정기간 동안에 총구입액을 전체 구입수량으로 나누어 평균단가를 계산한 후, 이 단가로 잔존하는 재고량의 가치를 구하는 방법으로 물품을 대량구매하거나 출고할 때 활용한다.

총구입액 ÷ 총구입량 = 재료소비가격
1,310,000원(500,000 + 330,000 + 480,000) ÷ 1,200개(500 + 300 + 400) = 1,091.6원

② 단순평균법(simple average cost method)

단순평균법은 단순히 단가의 평균가격만을 가지고 산출하는 방법이다.

$$\frac{1,000원 + 1,100원 + 1,200원}{3} = 1,100원$$

③ 이동평균법(moving weight average cost method)

이동평균법이란 단가가 다른 재료를 구입한 직후 재고로 남아 있는 재료와 구입재료와의 가중 평균단가를 산출해서 소비가격을 결정하는 방법이다.

[이동평균법]

(단위당 EA, 원)

월일	적요	입고			출고			재고		
		수량	단가	금액	수량	단가	금액	수량	단가	금액
1/10	입고	500	1,000	500,000				500	1,000	500,000
17	입고	300	1,100	330,000				800	1,037	829,600
21	출고				500	1,037	518,500	300	1,037	311,100
24	입고	400	1,200	480,000				700	1,130	791,000
29	출고				300	1,130	339,000	400	1,130	452,000
합계				1,310,000			857,500			2,883,700

6) 예정가격법

예정가격법이란 재료 등에 있어서 사전에 설정한 소비가격을 적용하는 방법이다. 가격은 항상 일정하지만 실제로는 재료비와의 가격차이, 즉 재료비 차이가 발생한다. 이 방법은 원가관리에 유익하다. 추정가격법, 표준원가법, 사전원가법 등이 이 범주에 속한다.

7) 시가법

시가법이란 재료의 취득원가와는 관계없이 재료비 원가를 산정할 때의 재료시가로서 재료비를 계산하는 방법이다. 재료 소비원가를 계산하면 앞의 예정가격법의 경우와 같이 재료의 취득원가와 시가 평가액 사이에 차이가 발생하는데 이를 재료비 차이라고 한다.

제2절 재고량 관리

1. 적정재고수준의 의의

물자 흐름의 측면에서 재고회전율은 적정재고수준을 유지하면서 원활하게 진행되어야 한다. 적정재고수준은 수요를 가장 경제적으로 충족시킬 수 있는 재고량을 뜻한다. 보편적으로 물품공급이 원활한 상태에서 이상적인 재고량은 일정기간 동안의 소비량이나 소비액의 1.5배 수준이다. 만일 적정재고수준을 유지하지 못하고 너무 과다하거나 부족할 경우에는 다음과 같은 문제점이 발생하게 된다.

1) 과다재고 보유 시 문제점

① 물품의 손실을 초래
② 투자비가 재고에 묶여 자금운용상 불리(현금화되지 않음)
③ 유지·관리비용의 과다
④ 필요 이상의 과다공간 확보
⑤ 기회이익의 상실

2) 과소재고 보유 시 문제점

① 품절로 인한 판매기회의 상실로 실기 초래
② 기업 신뢰도 및 이미지 실추

따라서 과다재고와 과소재고 보유의 문제점을 고려하여 물품의 적정재고를 확보하면서 재고비용을 최소화할 때 효율적인 경영관리가 가능하게 된다. 그러므로 신규저장고 건설을 위한 올바른 의사결정을 내리기 위한 접근법을 예시하고 있다.

3) 재고회전율과 재고량 및 수요량의 관계

재고량과 재고회전율은 반비례 관계에 놓여 있다. 즉 재고량이 많으면 재고량이 0(zero)이 될 때까지의 기간이 길어지므로 일정기간 중의 재고회전율 빈도는 감소하고, 재고량이 적으면 그 기간이 짧아지므로 재고회전율 빈도는 증가한다. 따라서 재고회전율이 너무 높다는 것은 재고고갈을 초래할 위험성이 있다는 뜻이며, 재고회전율이 너무 낮다는 것은 불필요하게 과다재고량을 보유함으로써 보관비용의 증대를 초래한다는 뜻이다. 수요량과 재고회전율은 정비례 관계에 놓여 있다. 즉 수요량이 적으면 재고량이 0(zero)이 되는 기간이 길어지므로 일정기간 중의 재고회전율은 낮아지고, 수요량이 많으면 재고회전율은 높아진다. 따라서 수요량이 감소할 때에는 재고량수준의 보충행위를 중단하여 적정재고회전율에 도달할 수 있도록 노력해야 하며, 수요량이 급격히 증가될 때에는 재고 보충행위를 증가시켜 적정재고회전율에 이르도록 인하 조정해야 한다.

회전율이 너무 높다는 것은 재고 고갈을 초래할 위험성이 있다는 뜻이며, 회전율이 너무 낮다는 것은 불필요하게 과다한 재고량을 보유함으로써 보관비용의 증대를 초래한다는 뜻이다.

4) 재고회전율의 계산

재고회전율 계산과 관련된 기본용어로서 전월재고는 이월재고·초기재고·기초재고·기말재고·월말재고·금월재고·마감재라고 한다.

대체로 회계기간은 기업에 따라 다르지만 1/1(7/1)~12/31(6/30)까지 1년간을 말하며, 매월 1일을 기초, 말일을 기말이라 부르고, 일반적으로 손익 등 결산과 관련된 기간은 월·분기·반기·1년 단위로 활용하고 있지만, 대부분 월과 1년 단위가 중심이 된다. 다음은 재고회전율과 관련된 계산법을 예시하고 있다.

$$재고자산의\ 잔존일수 = 월일수 \div 재고회전율$$

$$재고회전율 = \frac{총매출원가(식품비)}{평균재고액}$$

$$평균재고액 = \frac{월초재고액 + 월말재고액}{2}$$

$$총매출원가 = 월초재고(초기재고,\ 기초재고,\ 이월재고)$$
$$+ 당월구매 - 월말재고$$

재고회전기간: 수요검토기간(월, 일수)은 일반적으로 재고회전율인데 1년을 기준으로 한다.

사례 1

월초재고금액 = 9,500원

월말재고금액 = 8,700원

총매출원가 = 12,500원

재고회전율 = 12,500 ÷ 9,100 = 1.38회전

매달 1.38회라면 연간 16.56회(1.38 × 12개월)

재고자산 잔존일수 = 월일수 ÷ 재고회전율

= 30일 ÷ 1.38회전 = 21.74일

---

2. 재고와 원가의 관계

외식업체에서는 조리하기 위해 식재료를 구입한다. 재고가능원가는 식자재 구입원가이다. 판매되지 않는 식자재는 대차대조표에서 자산을 나타내는 재고자산으로

기재되며, 창고에 있는 재고 식재료는 필요한 부서에서 물품청구서에 의해 출고될 때 이를 매출원가라고 한다.

재고자산회계에는 두 가지 기록방법이 있다.

1) 재고계속기록법

재고계속기록법에는 아이템 명과 코드번호, 공급자, 기준(par), 재주문점, 재주문량이 기록되어 있다.

[재고계속기록법]

	아이템: 쇠고기 안심 원가:			
	크기: par stock: reorder point:			
	공급업체: reorder quantity:			
날짜	주문	입고	출고	재고
1/1				
1/2				
1/3				
1/4				
1/5				
1/6				
1/7				
1/8				

① par stock: par란 어떤 기준을 말하는 것으로 항상 보유하고 있어야 할 특정 아이템에 대한 재고 보유량, 보유하고 있어야 할 특정 아이템에 대한 최대와 최소량, 주문할 특정 아이템이 입고되었을 때의 최대량이다. (여기서는 보유하고 있어야 할 특정 아이템에 대한 최대와 최소량)

② lead time: 특정 아이템을 주문하여 도착할 때까지 걸리는 시간

③ 사용량(usage rate): 특정기간 동안 사용하는 양

④ 안전재고(safety level): lead time 기간 내에 주문한 식음료가 도착하지 않을 경우에 대비하여 보유하고 있어야 할 안전재고의 양

⑤ 재주문점(reorder point): 리드타임 동안 사용할 양 +안전재고

재주문점을 결정하는 데 요구되는 정보에는 ① lead time(주문한 아이템이 입고될 때까지 걸리는 시간으로 이 기간의 50%가 통상 안전재고량이 됨), ② 기간 동안에 소비되는 양(예: 1일 5kg, 1개월: 150kg)의 2가지가 있다.

사례 2

1달 소비량이 1일 5kg(1개월 150kg), Lead Time이 6일 경우 재주문점은 45kg, 그리고 최대주문량은 165kg이 된다.

① 최대보유량

165kg = 월 평균소비량(150kg = 30일×5kg) + 리드타임 동안 사용할 양 (30kg = 5kg×6일) + 안전재고(15kg) 리드타임의 기간 동안 사용해야 할 양의 50%

② 최소보유량

45kg = 리드타임(6일) 동안 사용하여야 할 양 30kg(5kg×6일) + 안전재고 15kg(리드타임 동안 사용하여야 할 30kg의 50%)이 된다.

③ 재주문점

45kg = 최소 보유량과 동일하다. 즉 주문한 아이템이 도착할 때까지의 사용량 30kg(5kg × 6일) + 안전재고 15kg

이 경우는 par stock의 하한선을 나타낸다.

④ 재주문량

150kg으로 한 달 동안 사용할 양이 재주문량이 된다.

즉 특정 아이템의 상한선은 150kg이고, 하한선은 45kg으로 하한선이 재주문시점이 된다.

2) 재고실사법

재고실사법은 장부를 매일 정리하지 않고 실사에 의해 정리하는 방법을 말한다. 사용된 재료의 원가나 매출원가는 기초재고액＋당기구입액 － 실사에 의해 결정된 재고액을 차감한다. 순수하게 창고에 남아 있는 재고금액을 원가로 산출한다.

재고기록법에 따라 각각 다른 계정이 있는데, 재고계속기록법의 경우는 자산계정인 재고라는 항목으로 기록되고, 직접구매의 경우에는 비용계정인 매출원가라는 항목으로 기록된다.

사례 3

전월에 이월된 재고(기초재고)가 8,000원이고 당월에 구입된 식재료 구매 각격이 18,000원이며 이달의 재고액이 5,000원이며, 종업원의 식사비용 1,150원, 접대비 200원이라고 가정한다면 다음과 같은 계산식이 된다.

① 기초재고 8,000원

② ＋ 당기식재료 구매 18,000원

③ ＝ 판매가능한 재고액 26,000원

④ － 기말재고 5,000원

⑤ ＝ 재고액 21,000원

⑥ － 1,350원 (종업원식사 ＋ 접대비용)

⑦ ＝ 전체 재고액 19,650원

제**9**장

수율

제9장	수율

제1절 수율의 개념

1. 수율의 의의

수율이라는 용어는 구매된 상태의 식자재로부터 자재의 손질작업 결과로 얻어진 순중량, 다시 말해서 식자재가 조리되어 고객에게 판매될 수 있게 된 상태에서의 수 또는 중량을 의미하는 것이다.

식자재에 대한 구매 당시의 중량과 판매할 수 있게 된 상태에서의 중량 간의 차이발생을 작업상의 손실이라 하며, 이 요리작업의 단계는 식자재 기초손질의 작업과 조리작업의 단계로 구분되며 주요리(main dish)의 경우에는 표준 분량규격의 작업단계가 추가되기도 한다. 이러한 조리작업 단계, 즉 원가의 흐름과정상에서 발생되는 상태별 수량 감량은 손실을 의미하기 때문에 그의 최소화를 위한 관리방법의 하나가 수율을 표준화한 것이다.

표준수율이란, 설정된 표준의 기초 조리작업과 조리작업 및 정육과 절육작업 결과로 얻어질 수 있는 표준수량의 비율이다.

표준수율의 측정은 두 가지의 중요한 목적으로 사용되고 있다.

첫째, 식자재 원가산출에 사용되는 원가인수 설정과 요리량의 원가배수 등의 산정
둘째, 보다 높은 산출 획득을 위한 각종 조리방법의 개선책 강구

$$수율(yield) = \frac{먹을 \ 수 \ 있는 \ 양}{최초로 \ 구매한 \ 무게} \times 100$$

예를 들어 감자를 최초 구매량에서 껍질을 벗기거나 불가식 부분을 도려낸다. 이렇게 사용하다 보면 최초 구매한 양보다 줄어들게 되고 남은 양으로 조리에 사용하게 된다. 이때 사용된 가식 부분을 양으로 나타내는 것을 수율이라고 한다.

사례 1

쇠고기 안심의 표준산출량

① 최초의 쇠고기 안심덩어리 3kg
② 기름 및 힘줄을 제거한 순수 안심고기 2.3kg
③ 안심을 손질하고 스테이크용을 제외한 고기(햄버거용으로 사용 가능) 0.3kg
④ 힘줄(소스용으로 사용 가능) 0.2kg

품명	규격	단가	중량	가격
whole tenderloin	kg	30,000원	3kg	90,000원
Hamburger Meat	kg	9,000원	0.3kg	2,700원
Stock	kg	3,000원	0.2kg	600원

$$수율 = \frac{2.3kg}{3kg} = 76.6\%$$

문제

구매단가 × 수량 = 총구매단가 ⟹ 30,000원 × 3kg = 90,000원

총구매단가 − 다른 용도 사용량의 단가

다른 용도 구매단가 ⟹ 2,700원(9,000원 × 0.3kg)

        + 600원(3,000원 × 0.2kg) = 3,300원

나머지 금액 ÷ 표준산출량 ⟹ 86,700 ÷ 2.3kg = 37,696원(kg당 표준원가)

최초 1kg 30,000원의 안심스테이크가 수율 변화에 따라 1kg에 37,696원으로 가격이 변한 것을 알 수 있다.

인당사용량 kg당 단가 100 = 인당 사용원가

> 📝 안심의 3kg 구입가 90,000원 − 2,700원 − 600원 = 86,700 ÷ 2.3kg = 37,696원
> 안심의 kg당 원가는 37,696원이며, Filet Steak 1인분의 분량이 180g일 때, 순수원가
> 는 0.18 × 37,696 = 6,785원이 된다.

[육류의 부위별 수율]

품명	수량	규격	단가 원	표준산출량(수율) %	kg	다른 용도의 사용량 햄버거	스톡	손실	표준원가 원	비고
쇠고기 안심	3	kg	30,000	76.6	2.3	0.3	0.2	0.2	37,696	다른 용도 제외함

사례 2

[생선류의 산출량]

품명	수량	규격	단가 원	표준산출량(수율) %	kg	표준원가 원
광어	0.9	kg	11,000	42.2	0.38	9,900
도미	2	kg	18,000	52.5	1.05	36,000
우럭	0.8	kg	14,000	27.5	0.22	11,200
점성어	1.9	kg	8,000	30.5	0.58	15,200

생선 4종류 중에서 수율에 따라 가격의 변동을 살펴볼 수 있다.

사례 3

채소의 표준산출량

감자 구매단가 kg당 1,200원

표준수율 (75%) = 표준수량 0.75kg

1,200원 ÷ 0.75kg = 1,600원 가치이며 kg당 표준원가이다.

1인분 150g일 때 0.15kg×1,600원 = 240원이 150g의 원가이다.

2. 수율(yield)의 원가분석

외식업체는 영리 또는 비영리를 목적으로 식사와 음료 등 물적 상품과 인적 서비스를 제공하는 곳이다. 여기서 외식업체의 성격을 타 산업과 비교하면 제조업, 소매업, 서비스업과 비슷하면서도 고유의 특징을 지니고 있다. 특히 외식업체는 공장으로 비유되기도 하는데, 그 공장은 원자재가 최종제품으로 생산되어 고객에게 제공되고, 공장을 찾아온 소수의 고객들이 이를 수분 내에 완전히 소비하는 곳이다. 조리과정은 표준량 목표(standardized recipe)에 의해 이루어지는데, 이를 준수하면 질(質)과 양(量)에 대한 표준을 모두 이룰 수 있다. 여기서 조리되는 각 메뉴 아이템들의 원가(plate cost ; edible portion cost: EP)를 계산하기 위해서는 각 메뉴의 식재료들에 대한 원가를 결정하여야 한다. 이 과정에서 외식경영자들은 2가지가 필요하다. 바로 각 식재료의 구매가격, 먹을 수 있는 수율(收率 또는 산출률, edible yield)이다.

1) 수율 관련 용어와 공식

① 구매한 무게(As Purchased Weight)

② 먹을 수 있는 부문의 무게(Edible Portion Weight)

③ 손실(Waste)

손실률 = 손실된 무게 ÷ 구매한 무게

④ 총수율(Yield %)

총수율 = 산출고 ÷ 구매 시 무게

⑤ 준비수율

조리하기 위해 준비하는 과정에서 발생한 손실된 무게 ÷ 구매한 무게

⑥ 조리수율

조리한 후의 무게 ÷ 구매한 무게

⑦ 서빙수율

자르는 과정에서 발생한 손실된 무게 ÷ 구매한 무게

⑧ 표준수율

표준량 목표(Standardized Recipe) 및 표준분량(Standardized Portion) 절차를 따른 후에 산출된 수율, 식재료에 대한 모든 준비 및 조리가 완전히 이루어진 후 분량을 위해 사용할 수 있는 양

⑨ 표준분량

표준량 목표에 제시된 분량의 크기로서 메뉴아이템의 원가를 결정하는 기초가 된다.

⑩ 표준산출량(standard yield)

표준량 목표(Standardized Recipe) 및 표준분량(Standardized Portion) 절차를 따른 후에 산출된 yield, 식재료에 대한 모든 준비 및 조리가 완전히 이루어진 후 분량을 위해 사용할 수 있는 양, 수율(yield percentage)은 AP 무게를 표준 yield로 나눈 값을 말한다.

표준분량(Standardized Portion)에 제시된 분량의 크기로서, 각 메뉴아이템의 원가 (plate portion cost)를 결정하는 기초가 된다.

제2절 원재료 조리 시 원가계산

대부분의 메뉴아이템들은 식재료를 다듬거나 손질하고, 또 1차 조리를 해야 하는데, 이로 인해 쓰레기가 발생하거나 줄어들게 된다. 결과적으로 조리된 음식의 무게나 부피는 항상 AP(구매한 무게) 무게나 부피보다 적어지게 되고, 이로 인해 EP(먹을 수 있는 부문의 무게) 원가는 항상 AP(구매한 무게) 원가보가 높다. 바로 이 점 때문에 yield 원가분석을 실시하여 각 메뉴아이템들의 분량(portion)당 실제 원가를 결정하여야 한다.

1. 수율검사(yield test)

수율의 표준을 설정하기 위한 테스트(yield test)를 조리 때마다 할 필요는 없다. 만약 외식경영 4가지 표준 중 수율(yield) 이외의 3가지 표준, 즉 표준구매명세서와 표준량 목표, 표준분량을 적용하고 있다면 yield는 일정하여 분량(portion)원가가 언제나 일정하게 유지된다고 간주할 수 있다. 이 경우 오직 공급업자의 가격만이 분량원가의 변화에 영향을 미치는 요인이다.

수율검사(yield test)는 단 한 번으로 결정하지 않고, 여러 번 검사 후 가중평균을 적용하여야 한다. 표준량 목표와 표준구매명세서가 일관성 없이 적용되는 외식업소는 식료원가에 차이가 발생하여 원가가 매일 변동될 것이다. 따라서 근접 확인 및 감독을 통해 각종 표준을 준수하여야 그 차이를 최소화하고, 원가를 일정하게 유지할 수 있을 것이다.

2. 수율의 검사목적

외식업소에서 원가와 주문량의 정확성은 얼마나 관심과 의미를 갖고 표준화된 주문명세서와 표준량 목표, 그리고 표준 분량을 시행하는가에 달려 있다. 만약 엄정한 표준을 설정한 후 이를 엄격하게 준수하면 식재료 원가는 정확하고 일정하며, 상기 3가지 표준요소를 바꾸지 않는 한 다시 계산할 필요는 없다. 그러나 일관되게 표준요소들을 적용하지 않으면 구매량과 식재료 원가를 정확하게 결정할 수 없다.

① 수율검사를 통해 보다 정확한 원가를 산출함으로써 합리적인 판매가를 결정하는 데 필요한 정보를 얻는다.
② 같은 메뉴아이템이라도 저가로 구매할 수 있는 정보와, 얼마 정도로 구매해야 하는지에 대한 정보를 얻는다.
③ 준비 및 조리과정에서 생기는 손실을 감안하여 표준 1인 서빙분량으로 어느 정도 고객을 서빙할 수 있을까에 관한 정보를 얻기 위함이다.

3. 손실률

음식을 손질, 준비, 조리, 서빙하는 과정에서 각 단계별로 발생할 수 있는 손실을 고려해야 한다. 단계별 손실률은 다음과 같다.

1) 준비손실률

준비손실률 = 조리를 준비하는 과정에서 발생한 손실 ÷ AP 무게

2) 조리손실률

조리하는 과정에서 줄어든 손실(shrinkage)에 해당하는 최초 구매한 무게(AP 무게)의 비율을 말한다.

조리손실률 = 조리과정에서 발생한 손실 ÷ 최초 구매한 무게

3) 서빙손실률

조리 후 고객에게 서빙을 준비하여 고기를 자르는 과정에서 발생하는 손실(carving loss)에 해당하는 무게와 최초 구매한 무게(AP 무게)의 비율을 말한다.

199

서빙손실률 = 고기 자르는 과정에서 발생한 손실 ÷ AP 무게

사례 4

최초 무게(100%) = 15kg/15kg

준비수율(14%) = 2kg/15kg

조리손실(10%) = 1.5kg/15kg

서빙손실(6%) = 0.8kg/15kg

총손실(20%) = 3kg/15kg

총수율(47%) = 7kg/15kg

---

4. 구매량과 가격결정

쇠고기 안심스테이크가 필요한 단체행사에 100명이 예약되었을 때 주방에서 구매량을 결정하는 방법으로는 안심스테이크 수율, 판매할 고객 수, 1인 분량을 파악한 상태에서 어느 정도 양을 준비해야 되는가를 가정해 보자.

(1) 서비스할 고객 수×1인 분량(portion size) = 고객에게 서빙될 총무게(총 EP 무게)
(2) 먹을 수 있는 부분의 무게 ÷ 수율(yield %) = AP 무게
    예를 들어 판매할 고객이 100명이고, 1인 서빙분량이 200g, 수율이 60%일 경우 구매할 양은,
    가. 100명×200g = 20,000g = 20kg
    나. 20kg ÷ 0.6 = 33.34kg

① 서빙되는 양에 대한 가격 계산

구매단가 1kg당 25,000원

수율 = 먹을 수 있는 부분의 무게 ÷ 최초 구매한 무게

판매 가능 안심고기의 단가 = 구매가 ÷ 수율

41,667원 = 25,000원 ÷ 0.6

총구매량 33.3kg × 41.667 = 1,387,511원

② 원가인수

판매가능 안심고기의 단가 ÷ 최초 안심고기 구매단가

41.667 ÷ 25,000원 = 1.67

이때 고기가격이 25,000원에서 30,000원으로 인상되었을 때를 가정해 보면, 30,000원×1.67 = 50,100원으로 인수만 알게 되면 판매가능 고기의 단가변동에 따른 가격을 산출하는 데 생산부서의 원가관리가 용이하게 적용됨을 알 수 있다.

③ 1인분의 인수 계산

스테이크 1kg일 때 ÷ 0.2kg = 5인분이 된다.

④ 분량 디바인더 계산

분량 디바인더 = 수율×1인 분량 인수

수율이 60%, 1인분의 인수 5(1kg ÷ 0.2kg)인 경우에 분량 디바인더는 0.6×5 = 3이다.

분량 디바인더 = 수율×1인 분량 인수

만약 판매할 고객이 100명인 경우 구매해야 할 안심의 구매량은,

고객의 수 ÷ 분량 디바인더

100명 ÷ 3 = 33.3kg

5. 산출량의 원가계산

1) 표준산출량의 산정공식

판매 가능한 고기의 수율(ratio of servable weight)

$$수율 = \frac{판매중량}{최초구매량} \times 100$$

$$수율 = \frac{2.3kg}{3kg} \times 100 = 76.6\%$$

2) 판매가능 고기의 단가(cost per servable weight)

$$\frac{구매단가}{판매가능 \ 고기의 \ 산출률}$$

$$\frac{90,000원}{2.3kg} = 39,130원$$

3) 원가지수(cost factor)

$$\frac{판매가능 \ 고기의 \ 단가}{구매단가}$$

4) 규격 요리당 원가(portion size per cost)

$$\frac{1kg당 \ 판매원가}{1kg당 \ 생산가능 \ 규격의 \ 수}$$

5) 규격 요리당 원가배수(portion cost multiplier)

$$\frac{원가인수}{1kg당 \ 1인분 \ 수}$$

분량원가(1인분 가격) 계산하는 방법은 다음과 같다.

① 레시피에 있는 모든 재료의 품목과 양을 배열한다. 기타 재료인 소금, 후추, 버터, 향신료 등을 합산한다. 총 원가에 약 3~5%(Miscellaneous) 정도를 가산한다.

② 레시피에 있는 양을 최초구매가격÷지급가격으로 나누어서 전환한다.

③ 각 재료의 가격을 산출한다.

④ 각 재료의 총원가를 단위당 가격에 필요한 수량으로 곱한다.

⑤ 전체적인 레시피 가격을 얻기 위해서 각 재료들의 가격을 더한다.

⑥ 1인분 가격을 얻기 위해 제공된 모든 1인분의 수로 총원가를 나눈다.

6. 산출량의 기본원칙

① 수율 테스트는 그 정확도를 높이기 위하여 소량보다는 보다 많은 분량을 실측하여야 한다.

② 감량이 있는 식자재는 전 품목의 수율테스트가 이루어져 표준산출량이 작성되어야 한다.

③ 표준량 목표가 정확히 작성되려면 필수적으로 정확한 표준산출량이 실측되어야 한다.

④ 품목에 따라 계절별 또는 분기별로 재실측해야 보다 정확한 표준산출량이 될 수 있다.

⑤ 표준량 목표에 기재되는 각 품목별로 중량은 수율테스트 후 결정된 것이 기재되어야 정확한 원가산출이 된다.

⑥ 가격변동이 있을 때에는 그때그때 조정해야 한다.

7. 산출량의 검사

음식가격을 산정하기 위해 실시하는 산출량이란 1인분의 원가계산(portion cost analysis)을 말한다. 이것은 분량원가(1인분 가격) 또는 조리 전의 재료와 양목표에 있는 모든 재료들의 총비용을 제공되는 재료의 양으로 나눈 값이다.

$$1인분의\ 가격 = \frac{재료의\ 가격}{1인분의\ 양}$$

CVP 분석

제10장

CVP 분석

제1절 CVP의 개념

1. CVP 분석의 의의

CVP(원가-조업도-이익) 분석 또는 손익분기점 분석 원가(costs), 조업도(volume) 및 이익(profit)의 상호관계를 분석하는 것으로서 이 세 가지 요인 중 어느 하나가 변화하면 다른 요인은 어떤 영향을 받는지를 분석하는 것이다. CVP 분석은 이익계획, 원가관리뿐만 아니라 제품의 선정, 가격결정, 설비투자결정 등 여러 가지 의사결정 분야에 널리 이용되고 있다. 생산량이나 판매량의 단기적인 변화가 기업의 원가나 이익에 미치는 영향을 분석하는 기법이다. 상품의 판매가격, 생산량 또는 판매량(조업도), 단위당 변동원가, 총원가, 매출배합(판매되는 제품의 상대적 구성비율) 등의 관계를 분석하는 데 주로 이용되는 기법이다.

CVP 분석은 기업이 생산 및 판매계획을 수립하는 데 매우 유용하며 다음과 같은 물음에 대한 답을 구하는 데 효과적이다.

① 원가발생액을 전부 회수하려면 몇 단위를 생산 · 판매하여야 하는가?
② 판매량이 현재보다 특정량만큼 증가하면 이익은 얼마나 증가하는가?
③ 특정액만큼 이익을 획득하려면 몇 단위를 생산 · 판매하여야 하는가?

1) CVP 분석의 가정

CVP 분석은 제품의 판매가격, 생산량 또는 판매량(조업도), 단위당 변동원가, 총고정원가, 판매되는 제품의 상대적 구성비율을 나타내는 매출배합 등의 관계를 분석하는 데 주로 이용되는 기법이다. 이러한 CVP 분석을 위해서는 분석의 편의를 위하여 다음과 같은 가정이 필요하다.

① 비용과 수익의 형태는 이미 결정되어 있고, 조업도의 관련범위 내에서는 모두 직선인 선형(linear)으로 표시된다.
② 모든 원가는 변동비와 고정비로 분해한다.
③ 고정비는 일정하고 관련범위 내에서는 변동하지 않는다.
④ 변동비는 조업도에 따라 비례적으로 변동한다.
⑤ 판매가격은 불변이다.
⑥ 제원가요소의 가격은 불변이다.
⑦ 능률과 생산성은 일정하다.
⑧ 단일제품이거나 또는 조업도의 변동에 따라 매출배합(sales mix)이 일정하게 유지된다.
⑨ 수익과 비용은 조업도의 공통측정단위에 의해 비교된다.
⑩ 조업도만이 원가에 영향을 미치는 유일한 관련요소이다.
⑪ 기초재고량과 기말재고량의 변동은 거의 없다.

2) CVP 분석한계

① 비용분해가 어렵다.
② 비용분해가 가능하다 하더라도 비용이 수시로 변동된다. 예를 들어 어느 기간에서 고정비도 그 기간이 지나면 변동비화될 수 있다.
③ 일정조업도 내에서만 유용하다. 즉 조업도를 벗어나면 손익분기점(BEP)은 달라질 수 있다.

④ 물가가 항상 유동적이기 때문에 판매단가나 단위원가가 변동된다.
⑤ 다품종기업에서는 제품별 배합비율이 항상 변동되는 것이 보통이다.

2. 공헌이익

총수익, 총원가, 이익 사이에는 다음과 같은 관계가 성립한다.

$$이익 = 총수익(총매출) - 총비용(총원가)$$

총수익과 총원가는 생산량이 변함에 따라 그 금액이 달라진다. 그러므로 조업도의 변동이 원가나 이익에 어떤 영향을 미치는지를 분석하는 데 위의 등식이 중요하다.
제품의 단위당 판매가격과 단위당 변동원가를 제품의 생산량(판매량)과 관계없이 가정하면, 총수익과 총원가를 다음과 같이 나타낼 수 있다.

$$총수익 = 단위당\ 판매가격 \times 판매량$$
$$총원가 = 총변동원가 + 총고정원가$$
$$= 단위당\ 변동원가 \times 판매량 + 총고정원가$$

1) 단위당 공헌이익

단위당 공헌이익은 단위당 판매가격에서 단위당 변동비를 차감한 금액으로 제품 1단위의 판매가 고정비를 회수하고 이익을 창출하는 데 얼마나 공헌하는가를 나타내는 개념이다.

$$총수익 = 총비용 + 이익$$
$$공헌이익 = 총수익(매출액) - 변동비$$
$$단위당\ 공헌이익 = 단위당\ 판매가격 - 단위당\ 변동비$$
$$영업이익 = 공헌이익 - 고정비$$

단위당 공헌이익에 총판매량을 곱한 금액이 총공헌이익이다. 총공헌이익은 총수
익에서 총변동비를 차감하여 구할 수도 있다. 총공헌이익이 총고정비보다 크면 이
익이 발생하고, 작으면 손실이 발생한다.

$$총공헌이익 > 총고정비 = 이익(profit)$$
$$총공헌이익 < 총고정비 = 손실(loss)$$

2) 공헌이익률

단위당 공헌이익을 단위당 판매가격에 대한 일정비율로 표시하기도 하는데, 단
위당 공헌이익을 단위당 판매가격으로 나눈 값을 공헌이익률이라 한다.

$$공헌이익률 = \frac{단위당\ 공헌이익}{단위당\ 판매가격}$$

$$= \frac{단위당\ 판매가격 - 단위당\ 변동비}{단위당\ 판매가격}$$

공헌이익률은 이와 같이 단위당 판매가격과 단위당 변동비를 이용하여 구할 수
도 있고, 총매출액과 총변동비를 이용해도 된다.

$$공헌이익률 = \frac{단위당\ 공헌이익}{단위당\ 판매가격} \times \frac{판매량}{판매량}$$

$$= \frac{총공헌이익}{총매출액}$$

$$= \frac{총매출액 - 총변동비}{총매출액}$$

📝 **문제**

공헌이익률은 얼마인가?

매출액 2,000,000원

직접재료비 400,000원

직접노무비 200,000원

변동제조간접비 80,000원

고정제조간접비 140,000원

변동판매비와 관리비 20,000원

고정판매비와 관리비 120,000원

답 **공헌이익률**

$$= \frac{\text{총매출액} - \text{총변동비(직접재료비} + \text{직접노무비} + \text{변동제조간접비} + \text{변동판매비와 관리비)}}{\text{총매출액}}$$

$$= \frac{2,000,000 - 700,000(400,000 + 200,000 + 80,000 + 20,000)}{2,000,000} = 0.65(65\%)$$

📝 **문제**

다음의 전제조건하에서 공헌이익과 단위공헌이익, 공헌이익률, 변동비율은 얼마인가?

단위당 변동비 4,000원

고정비 2,000원

스파게티 한 그릇의 값은 8,000원

연 80,000그릇 판매

답 ① 공헌이익은?

매출액 = 8,000원 × 80,000그릇 = 640,000,000원

변동비 = 4,000원 × 80,000그릇 = 320,000,000원

공헌이익 = 640,000,000 − 320,000,000원 = 320,000,000원

② 단위당 공헌이익은?

단위당 판매가격 = 8,000원

단위당 변동비 = 4,000원

단위당 공헌이익 = 8,000원 − 4,000원 = 4,000원

③ 공헌이익률은?

$$공헌이익률 = \frac{공헌이익}{총매출액}$$

$$= \frac{320,000,000}{640,000,000} = 50\%$$

$$단위당 공헌이익률 = \frac{단위당 공헌이익}{단위당 판매가격}$$

$$= \frac{4,000원}{8,000원} = 50\%$$

④ 변동비율은?

$$변동비율 = \frac{변동비}{매출액}$$

$$= \frac{320,000,000원}{640,000,000원} = 50\%$$

$$단위당 변동비율 = \frac{단위당 변동비}{단위당 판매가격}$$

$$= \frac{4,000원}{8,000원} = 50\%$$

제**2**절 손익분기점 활용

1. 손익분기점의 개념

손익분기점(break-even point: BEP)이란 총수익과 총원가가 일치하여 이익이 0(zero)이 되는 판매량(매출액) 또는 총공헌이익이 총고정비와 같아지는 판매량(매출액)이다. 즉 손익분기점에서는 공헌이익의 총액이 고정원가와 일치하여 영업이익이 0이 된다.

손익분기점을 구하는 공식을 도출해 보면, 먼저 총수익, 총원가, 이익 사이에는 다음과 같은 관계가 성립된다.

$$이익 = 총수익 - 총원가$$

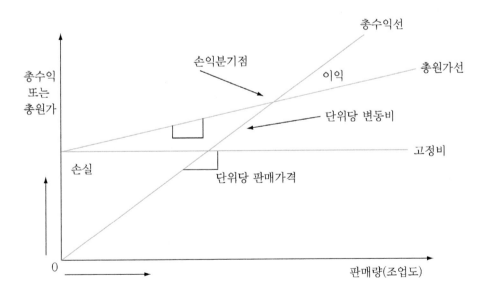

1) 등식법

등식법은 다음과 같은 공헌접근법에 의한 손익계산서 등식을 바탕으로 총수익과 총원가가 일치한다는 사실에 초점을 맞추고 손익분기점을 계산하는 방법이다.

$$총수익 = 총변동원가 + 총고정원가 + 이익$$

이 식에서 손익분기점의 정의에 따라 이익을 0으로 놓고 총변동원가와 총고정원가를 합한 총원가가 총수익과 일치하는 점의 매출액을 구하면 바로 그 매출액이 손익분기점매출액이다. 반대로 손익분기점의 판매량을 먼저 구한 다음에 손익분기점의 매출액을 구할 수도 있다. 즉 총수익은 제품의 단위당 판매가격에 판매량을 곱한 것이고, 총변동원가는 제품의 단위당 변동원가에 판매량을 곱한 것이므로 위의 등식을 다음과 같이 표시할 수 있다.

$$단위당 \ 판매가격 \times 판매량 = 단위당 \ 변동원가 \times 판매량 + 총고정원가 + 이익$$

2) 공헌이익접근법

공헌이익접근법은 등식법을 약간 변형한 것으로서, 이 방법은 제품의 단위당 공헌이익을 파악한 후, 총고정원가에 상응하는 총공헌이익을 얻으려면 몇 개의 제품을 판매하해야 하는지에 초점을 맞추어 손익분기점을 계산하는 방법이다.

이익이 0이 되는 손익분기점에서는 총고정원가와 총공헌이익이 일치하기 때문이다.

(1) 원가 – 조업도 – 이익도표

판매량(조업도)의 변동에 따른 수익·원가·이익 항목의 변동을 편의상 원가 – 조업도 – 이익도표 또는 CVP도표라 부른다.

CVP도표상에 손익분기점이 표시되기 때문에 CVP도표 손익분기점도표라고도 불린다.

CVP도표를 작성하는 절차는 다음과 같다.

① 좌표평면 Y(수직)축에는 수익과 원가를 금액으로 표시하고 X(수평)축에는 판매량(조업도)을 수량으로 표시한다.

② 총수익을 나타내는 직선을 그린다. 이 직선은 판매량과 총수익의 관계를 나타내는 것이므로 원점을 통과하며 직선의 기울기는 단위당 가격이다.

③ 총원가를 나타내는 직선을 그린다. 이 직선은 판매량에 관계없이 항상 일정한 값을 갖는 고정원가와 판매량이 증가함에 따라 비례적으로 증가하는 변동원가를 합한 직선이다.

따라서 Y(수직)축과 만나는 점은 총고정원가이고 기울기는 단위당 변동원가이다.

CVP 분석에서는 제품의 단위당 판매가격과 단위당 변동비가 제품의 생산량(판매량)에 관계없이 일정하다고 가정하므로, 총수익과 총원가는 다음과 같이 나타낼 수 있다.

$$총수익 = 단위당\ 판매가격 \times 판매량$$
$$총원가 = 총고정비 + 총변동비$$
$$= 총고정비 + (단위당\ 변동비 \times 판매량)$$

이를 대입하여 정리하면 아래와 같다.

$$이익 = 총수익 - 총원가$$
$$= (단위당\ 판매가격 \times 판매량) - (총고정비 + 단위당\ 변동비 \times 판매량)$$
$$= 단위당\ 공헌이익 \times 판매량 - 고정비$$

$$① 손익분기점의 판매량 = \frac{고정비}{단위당 공헌이익 (판매단가 - 단위당 변동비)}$$

이익을 0(zero)으로 놓고 매출액을 Y라 한 다음에, Y에 대해서 풀면 손익분기점의 매출액을 계산할 수 있다.

$$② 손익분기점 매출액 = \frac{총고정비}{공헌이익률} = \frac{고정비}{1 - \dfrac{변동비}{판매단가(매출액)}}$$

한계이익률을 산출하면,

$$한계이익 = 매출액 - 변동비$$

$$한계이익률 = \frac{한계이익}{매출액} \times 100$$

🔔 **문제**

갑 외식업체의 2012년 3월 매출액은 4,000만 원이고, 변동비는 1,500만 원이며, 고정비는 1,200만 원일 때 한계이익률은 얼마인가?

답　한계이익 = 4,000만 원 - 1,500만 원 = 2,500만 원
　한계이익률 = 2,500만 원 ÷ 4,000만 원 = 62.5%

🔔 **문제**

스파게티점을 운영하는 외식업체 경영자는 올해의 판매목표를 7,000개로 예상하고 있다. 판매가격은 단위당 2,000원이고 변동비는 판매가격의 40%로 추정하고 있다.

고정비가 6,000,000원이라면 손익분기점의 판매량은?

답 손익분기점판매량 $= \dfrac{\text{총고정비}}{\text{단위당 공헌이익}}$

$\qquad\qquad\qquad = \dfrac{6,000,000원}{1,200원}$

$\qquad\qquad\qquad = 5,000개$

단위당 공헌이익 $= 2,000원 \times (1 - 0.4)$

$\qquad\qquad\qquad = 1,200원$

손익분기점매출액

변동비율이 40%이며 총변동비가 48,000원, 총고정비가 24,000원인 경우 손익분기점의 매출액은?

손익분기점매출액 $= \dfrac{\text{총고정비}}{\text{공헌이익률}}$

$\qquad\qquad\qquad = \dfrac{24,000원}{1 - 0.4}$

$\qquad\qquad\qquad = 40,000원$

📝 문제

손익분기점의 판매량과 매출액은 얼마인가?

① 단위당 공헌이익이 4,000원, 연간고정비가 40,000,000원인 스파게티점의 손익분기점판매량은?

② 단위당 판매가격이 8,000원, 단위당 변동비가 4,000원, 연간 고정비가 40,000,000원인 스파게티점의 손익분기점판매량은?

③ 단위당 판매가격이 8,000원, 변동비율이 50%, 연고정비가 40,000,000원인 스파게티점의 판매량은?

④ 변동비율이 50%, 연간 고정비가 40,000,000원인 스파게티점의 손익분기
점매출액은?

답 ① 손익분기점판매량 $= \dfrac{\text{고정비}}{\text{단위당 공헌이익}}$

$= \dfrac{40,000,000원}{4,000원} = 10.000$그릇

② 손익분기점판매량 $= \dfrac{\text{고정비}}{\text{단위당 공헌이익}}$

$= \dfrac{40,000,000원}{8,000 - 4,000원} = 10.000$그릇

③ 손익분기점판매량 $= \dfrac{\text{고정비}}{\text{단위당 공헌이익}}$

$= \dfrac{40,000,000원}{4,000원} = 10.000$그릇

④ 손익분기점매출액 $= \dfrac{\text{고정비}}{\text{공헌이익률}}$

$= \dfrac{40,000,000원}{1 - 0.5} = 80,000,000$

 문제

갑 음식점의 매출액이 1,000만 원, 고정비가 350만 원, 변동비 500만 원, 비
용총액이 850만 원이라고 할 때 손익분기점의 매출액은 얼마인가?

답 손익분기점매출액 $\dfrac{\text{고정비}}{1 - \dfrac{\text{변동비}}{\text{매출액}}} = \dfrac{\dfrac{350}{500}}{1 - \dfrac{500}{1,000}} = \dfrac{350}{0.5} = 700$만 원

2. 목표이익을 고려한 CVP 분석

앞에서 이익이 0(zero)이 되는 점의 매출액 또는 판매량을 계산하는 데 적용되는 공식을 살펴보았다. 이 공식들을 특정수준의 목표이익을 달성하는 데 필요한 매출액 또는 판매량을 파악하는 문제에도 적용할 수 있다.

제품의 단위당 공헌이익이 먼저 총고정비를 회수하는 데 사용된다 함은 이미 설명하였다.

판매량이 증가함에 따라 총공헌이익은 점점 커져서 총고정비와 일치하게 되고, 이 점에서 이익이 0(zero)이 되는 손익분기점을 이룬다. 여기서 한 단위를 더 판매하면 순이익이 정확하게 단위당 공헌이익만큼 발생한다.

따라서 특정수준의 목표이익을 얻으려면 그 목표이익을 단위당 공헌이익을 나눈 만큼의 수량을 손익분기점의 판매량에 추가하여 더 판매하여야 한다. 그러므로 다음 식이 성립한다.

① 목표이익을 달성하는 데 필요한 판매량

= 고정비를 회수하는 데 필요한 판매량

　+ 목표이익을 달성하는 데 필요한 추가 판매량

$$= \frac{고정비}{단위당 \ 공헌이익} = \frac{목표이익}{단위당 \ 공헌이익}$$

$$= \frac{고정비 + 목표이익}{단위당 \ 공헌이익}$$

🗒 문제

스파게티점을 운영하는데 1그릇당 8,000원에 판매하고 있으면 음식을 만드는 데 드는 변동비는 1그릇당 4,000원이고 총고정비는 월 7,000,000원이다.

목표이익 월 3,500,000원을 얻기 위해서 스파게티를 몇 그릇 정도 판매하여 야 하는가?

답 목표판매수량 $= \dfrac{7,000,000원 + 3,500,000원}{8,000 - 4,000원} = 2,625그릇$

1일 판매수량 = 2,625그릇 ÷ 30일 = 87.5그릇

1일 매출 = 87.5그릇 × 8,000원 = 700,000원

목표매출액 공헌이익률 = 고정비 + 목표이익

목표매출액 $= \dfrac{고정비 + 목표이익}{단위당 공헌이익}$

손익분기점 목표매출액 $= \dfrac{7,000,000원 + 3,500,000원}{1 - 0.5} = 21,000,000원$

1일 매출액 = 21,000,000원 ÷ 30일 = 700,000원

문제

취급 상품의 한계이익률(평균마진율)이 30%로 인건비, 임차료 등 고정비가 600만 원이고, 월 생활비로 300만 원이 필요하다고 할 때 목표로 해야 할 매출액은 얼마인가?

답 월 매출액 = (600 + 300) ÷ 30% = 3,000만 원

3. 법인세를 고려하는 경우의 CVP 분석

지금까지 설명한 CVP 분석에서는 법인세를 전혀 고려하지 않았으나, 실제로는 법인세도 의사결정에서는 반드시 고려되어야만 하는 중요한 변수가 된다. 즉 목표

이익을 얻기 위한 매출수량을 계산할 경우 동 목표이익은 법인세를 차감하기 전의 이익이라야만 세후기준으로 당초 설정했던 목표이익을 얻을 수 있는 것이다. 따라서 세후 목표이익을 얻기 위한 목표매출수량은 다음과 같이 계산된다.

$$① \ 목표매출수량 = 고정비 + \frac{\dfrac{고정비 + 목표이익}{(1 - 법인세율)}}{단위당 \ 공헌이익}$$

$$= \frac{고정비 + 세전목표이익}{단위당 \ 공헌이익}$$

$$② \ 목표매출액 = 고정비 + \frac{\dfrac{세후목표이익}{(1 - 세율)}}{공헌이익률} = \frac{고정비 + 세전목표이익}{공헌이익률}$$

🎣 문제

스파게티점을 운영하는데 1그릇당 8,000원에 판매하고 있으며 음식을 만드는 데 변동비는 1그릇당 4,000원이고, 고정비가 7,000,000원, 세후목표이익이 3,200,000원이고 법인세율이 36%일 때 세전목표이익을 달성하기 위한 판매량은 얼마인가?

답 세전목표이익 × (1 - 0.36%) = 3,200,000원 ÷ 세후목표이익

세전목표이익 = 3,200,000원 ÷ 1 - 0.36% = 5,000,000원

① 세후목표이익 3,200,000원을 달성하기 위한 판매량은 얼마인가?

4,000원(공헌이익) × X = 7,000,000원(고정비) + 3,200,000원 ÷ 1 - 0.36%

$$4,000원 \ X = 7,000,000원 + \frac{3,200,000}{1 - 0.36}$$

$$4,000원 \ X = 7,000,000원 + 5,000,000원$$

$$X = \frac{12,000,000원}{4000} = 3000카바$$

② 세후목표이익 3,200,000원을 달성하기 위한 매출액

S(매출액) 36% = 7,000,000원(고정비) + 3,200,000원 ÷ (세후목표이익 1 − 0.36%)

$$0.36\,S = 7,000,000원 + \frac{3,200,000원}{0.64}$$

$$0.36\,S = 7,000,000원 + 5,000,000원$$

$$S = \frac{12,000,000원}{0.36} = 33,333,333원$$

4. 현금손익분기점

손익분기점은 총수익과 총비용이 일치되는 조업도를 의미하는데, 여기서 총비용을 인식하는 기준은 발생주의이므로 현금지출을 수반하지 않는 비용(예를 들면 감가상각비, 무형자산상각비 등)도 포함되기 마련이다. 그러나 경영자의 입장에서는 현금수입과 현금지출이 일치됨으로써 자금수지가 균형을 이루기 위해서는 얼마의 매출을 달성해야 하는지를 알고자 할 경우가 있는데, 이런 경우에는 고정비 중 현금지출을 수반하지 않는 비용을 차감하여 손익분기점을 계산하면 된다.

$$현금손익분기점(수량) = \frac{고정비 - 비현금지출고정비}{단위당 공헌이익}$$

5. 안전한계

안전한계(M/S: Margin of Safety)는 손익분기점의 매출액을 초과하는 매출액이다. 안전한계비율은 안전한계를 실제(혹은 예상) 매출액으로 나눈 비율이다. 안전한계

는 실제 매출액이 예상치에 도달하지 못한 경우 기업이 맞게 되는 위험을 흡수할 수 있는 쿠션의 정도를 측정한 것이다.

$$안전한계 = 예상매출액 - 손익분기점매출액$$

$$안전한계비율 = \frac{매출액 - 손익분기점매출액}{매출액}$$

따라서 현재의 매출이 손익분기점에 있을 경우에는 M/S비율이 0이 되고, M/S비율이 크면 클수록 현재의 매출액이 손익분기점매출액을 훨씬 초과해 있다는 의미가 되므로 기업의 입장에서는 보다 안전(유리)한 것이라고 볼 수 있다.

$$매출액순이익률 = 공헌이익률 \times M/S비율$$

문제

스파게티점 예산상 매출총액은 5,000,000원, 고정비총액은 1,600,000원, 공헌이익률은 40%이다. 스파게티전문점 안전한계율(M/S비율)은 얼마인가?

[답] ① 손익분기점매출액의 계산

$$손익분기점매출액 = \frac{1,600,000원}{0.4}$$

$$= 4,000,000원$$

② 안전한계비율의 계산

$$안전한계비율 = \frac{5,000,000원 - 4,000,000원}{5,000,000}$$

$$= 20\%$$

사례 1

갑 외식기업의 11월 중 영업활동에 관한 자료는 다음과 같다.

구분	금액(원)	비율(%)
총매출	500,000	100
총변동원가	(400,000)	(80)
총공헌이익	100,000	20
총고정원가	(86,000)	
이익	14,000	

문제

1. 손익분기점매출액을 구하라.

2. 안전한계이익이익을 구하라.

3. 안전한계이익률을 구하라.

4. 갑 회사는 한 종류의 메뉴만을 생산하고 있으며, 이 제품의 단위당 판매 가격이 35원이라 가정하고 수량으로 표시한 안전이익을 구하라.

답 1. 손익분기점의 매출액: 86,000 ÷ 20% = 430,000원

  2. 실제매출액: 500,000원

    손익분기점매출액: 430,000원

    화폐금액으로 표시한 안전한계이익률: 70,000원

  3. 안전이익률: 70,000 ÷ 500,000 = 14%

  4. 판매량으로 표시한 안전이익: 70,000 ÷ 35 = 2,000개

제11장 원가회계관리

제1절 회계의 원리

1. 회계원리의 의의

회계라는 말은 본래 우리의 고유한 말로 '셈'을 뜻한다. 따라서 '회계한다'고 하면 이는 '셈'을 한다는 말로 표현할 수 있고, 이것은 나아가 '계산한다' 또는 '측정한다'는 말로 표현할 수 있다.

즉 회계의 대상은 회계주체의 경제적 활동이다. 경제적 활동은 통상 재무적 사건 또는 거래라고도 하며, 이는 회계주체(기업) 경제가치의 크기 및 그 구성내용의 상태에 변화를 야기하는 경제현상이다. 따라서 전통적인 회계의 의의는 '기업의 경제적 활동을 화폐단위에 의하여 기록·분류·요약하여 그 결과를 일정한 형식 (손익계산서, 대차대조표)으로 보고하는 기술'로 파악하고 있다.

또한 회계는 재무적 성격을 갖고 있는 거래나 사상을 의미 있는 방법으로, 화폐에 의해서 기록·분류·요약하며 그 결과를 해석하는 기술이다.

2. 회계의 분류

회계는 정보이용자에 따라 분류하는데 재무회계·관리회계·세무회계로 분류되며, 회계주체가 영리목적으로 운영되는지의 여부에 따라 영리회계와 비영리회계로 분류된다. 그리고 회계단위가 개별경제단위인가 국민경제단위인가에 따라 미시회계·거시회계로 분류한다.

1) 재무회계

재무회계(financial accounting)는 실제의 외부자에게 회계정보를 제공하는 것을 목적으로 한다. 재무회계는 회계의 기본적인 골격이며 관리회계와 세무회계의 기초가 된다.

재무회계는 원래 전통적인 회계로서 기업의 경영자금을 제공하고 있는 기업외부의 투자자를 위한 회계이다. 그러므로 재무회계는 주로 기업의 경영자금조달을 위하여 자금을 제공하거나 제공하게 될 외부투자자로서 주주나 채권자들의 의사결정에 필요한 재무적 정보를 제공해 주는 기능이 있다.

2) 관리회계

관리회계(managerial accounting)는 기업의 내부자인 경영자의 관리목적에 필요한 회계정보를 제공하기 위한 회계이다. 기업에서는 경영자가 경영활동의 계획·통제를 용이하게 하기 위하여 정기적으로 회계정보를 제공하는 것을 목적으로 한다.

관리회계와 재무회계를 비교하면 다음과 같은 특징이 있다.

① 관리회계는 주로 기업 내 주자인 경영자에게 정보를 제공한다.
② 관리회계는 경영자를 위한 회계이므로 재무회계와 같이 일반적으로 안정된 회계원칙에 구애받지 않고 다양한 형태로 정보를 제공한다.
③ 재무회계가 정보를 일정한 재무보고서의 형식에 의하여 정기적으로 제공하는 데 비하여, 관리회계는 일정한 형식 없이 관리의 필요상 수시로 또한 신속히 정보를 제공하는 것을 목적으로 한다.
④ 재무회계가 기업의 전반적인 경영활동에 관한 정보를 제공하는 데 비하여, 관리회계는 일반적으로 특정분야별 정보를 제공한다.

[재무회계와 관리회계]

구분	재무회계	관리회계
목적	외부보고라는 단일목적	내부보고(주로 경영계획과 통제)라는 다원목적
정보이용자	외부정보 이용자	내부정보 이용자
특성	결산보고	의사결정과 업적평가
성격	타율적·수동적·소극적	자율적·능동적·적극적
강제성	법에 의한 강제성	유동성에 따른 자발성
객관성	객관적인 자료 강조	주관적이나 목적 적합한 자료 강조
측정기준	역사적 원가	역사적 원가 및 미래원가
시간성	과거에 대한 보고	미래지향적
준거기준	일반적으로 인정된 회계원칙의 준수 요구	준거기준이 없음
계량성	주로 화폐단위에 의해 계량화가 가능한 것에 국한	계량 가능한 것뿐만 아니라 비계량적인 정보도 포함
인간관계	중시하지 않음	중시함
제공시기	정기적	정기적 및 필요시
보고서 내용	일반목적 보고서	특수(개별)목적 보고서
보고서 양식	정형화된 양식 이용	정형화된 양식 없음

3) 세무회계

세무회계(tax accounting)는 정부로 하여금 과세에 대한 의사결정을 하도록 회계정보를 제공하는 것을 목적으로 한다. 세무회계는 정보이용자가 정부이며 과세목적을 위한 회계라는 점에서 재무회계와는 다르다. 세무회계가 제공하는 회계정보는 과세표준과세액 그리고 세법에 규정된 보고서이다.

3. 회계와 정보이용자

회계정보를 이용하는 회계정보 이용자는 크게 외부 이용자와 내부 이용자로 구분한다.

1) 내부 정보이용자

① 경영자와 관리자

② 종업원

2) 외부 이용자

① 투자자

② 채권자

③ 세무당국

④ 정부규제기관

⑤ 경제정책 입안자

⑥ 기타 정보이용자

4. 회계구조의 구성요소

1) 회계의 목적

회계목적(objectives of accounting)은 회계를 수행함에 있어서 측정자나 정보제공자가 규범적으로 달성해야 할 목표이다. 오늘날 회계목적은 정보이용자의 경제적 의사결정에 유용한 정보를 제공한다.

미국회계학회가 1966년에 발표한 "기초적 회계이론에 관한 보고서(A statement of basic accounting theory: ASOBAT)"에서는 회계목적을 다음과 같이 규정하고 있다.

① 의사결정을 위한 정보의 제공은 유한한 자원을 효율적으로 활용하기 위해서 정보를 마련하는 것이다.

② 자원을 효율적으로 운영하기 위해서 정보를 제공한 것은 경영을 지휘·통제하는 데 있어 회계정보가 계획의 입안과 실행을 용이하게 하기 위해서 이용된다고 하는 것을 말한다.

③ 관리보전 직능은 영리기업에 있어서의 이사회와 같은 경영자의 직능일 수도 있지만, 타인의 재산을 수탁 또는 보관하고 있는 경우와 같이 수탁자의 직능일 수도 있다.

④ 회계가 있는 사회적 직능이라 함은 과세, 각종 부정의 방지, 정부의 공익사업 규제, 상업의 일반적 규제와 촉진을 위한 정부활동, 노사관계 및 이해관계자를 위한 경제활동 등에 필요한 정보를 마련하는 것을 말한다.

그러므로 회계는 단순한 재무적 정보의 기록활동이 부기(bookkeeping)뿐만 아니라 보다 광범위한 정보의 산출, 해석, 이용을 포함하는 넓은 개념이다.

따라서 회계는 기업에 대한 정보를 전달하는 언어의 역할을 수행한다. 즉 회계는 기업과 그 이해관계자(정보이용자) 등 간에 의사소통기능을 담당하는 경로(channel)이다.

2) 회계공준

회계공준(accounting postulates)은 회계이론을 연역적으로 설명하기 위한 기본적 가정이다. 회계공준으로 기업실체의 공준, 계속기업의 공준, 측정단위의 공준, 회계기간의 공준 등을 들 수 있다. 회계공준은 회계원칙을 설명하기 위한 전체이며 다음과 같은 성격을 갖는다.

① 기본적 가정: 회계공준은 회계원칙을 논리적으로 설명하기 위한 기본적 가정이므로 증명을 요구하지 않는 당위적인 사실이다.

② 귀납성: 회계공준은 회계의 실천관행에서 발견되는 것이다.

③ 일반적 승인성: 회계공준은 지극히 당연하고 오랫동안 일반으로부터 인정받고 있는 것이다.

④ 유용성: 회계공준은 회계원칙·회계절차 등 회계문제를 설명함에 있어 항상 유용한 기초를 제공하는 것이다.

3) 회계주체

회계주체는 회계행위의 실천주체 또는 회계행위에 대한 실질적인 행위자를 말한다. 일반적인 회계주체의 견해는 회계공준으로 제시되는 기업실체, 즉 기업자산이다. 회계주체이론은 기업실체이론과 자본주장이론이 가장 대표적이며, 이외에 대리인이론(agency theory), 기업체이론(enterprise theory), 자금이론(fund theory), 관리자이론(commander theory) 등이 있다.

기업체이론은 기업의 모든 이해관계자(예: 주주, 경영자, 종업원, 채권자 등)로부터 분리되어 독립한 기업 그 자체를 회계의 주체로 보는 견해이다. 즉 회계의 주체는 의인화되어 권리·의무를 행할 수 있는 독립적인 기업이다. 반면에, 자본주이론은 기업이 자본주의 사유물이기 때문에 회계주체도 자본주로 보고, 모든 회계처리를 자본주 입장에서 행하는 견해이다.

4) 회계정보의 질적 특성

회계정보의 질적 특성은 정보이용자들의 의사결정에 유용한 정보가 되기 위하여 회계정보가 갖추어야 할 속성을 말한다. 이는 회계정보기준 또는 회계의 질적 기준이라고도 한다.

5) 회계개념

회계개념은 어디에도 속할 수 있으나, 주로 대차대조표 및 손익계산서계정의 개념을 뜻하는 것으로 재무제표의 구성요소를 말한다. 회계개념으로는 자산·부채·자본·수익·비용·이익 등이 있다.

6) 회계의 원칙

회계원칙이란 회계실무를 행하는 데 있어서 회계담당자가 준수해야 할 기본적이고 일반적인 지침을 말한다. 회계는 항상 변화하는 경제현상을 대상으로 하기 때문에 오늘날 기업은 사회적 존재로서 사회 각 계층으로부터 다수 기업의 재무상태나 경영성과에 대하여 깊은 관심을 가지고 있다. 그렇기 때문에 기업은 기업과 이해관계를 가지고 있는 이해관계자들이 공통적으로 납득할 수 있는 공정하고도 타당한 방법으로 회계처리하지 않으면 안된다.

오늘날 대부분의 국가에서 존중하고 있는 회계행위의 규범, 즉 회계원칙은 다음과 같다.

① 역사적 원가주의의 원칙

회계업무를 수행할 때 준수하여야 할 가장 기본이 되는 원칙이다. 역사적 원가주의는 시가주의와는 반대되는 개념으로 모든 회계사실을 인식·측정할 때 거래가 나타나는 시점에서 교환하는 가격을 말한다.

② 수익실현주의 원칙

수익이 인식·측정되는 시기에 관한 원칙이라고 할 수 있다. 수익은 재화와 용역의 판매, 이자, 임대료, 특허권 사용료 등과 재고품 이외의 자산을 처분하여 나타나는 순이득, 부채의 유리한 결제로부터 받아들이는 새로운 측정액을 뜻한다.

③ 수익·이익대응의 원칙

일정기간에 실현된 수익과 이 수익을 획득하기 위하여 발생한 비용을 결정하여 당기순이익을 보고하여야 한다는 회계의 중요한 원칙이다. 만일 수익이 차기로 이월되면 그 수익과 관련되어 나타난 모든 원가와 비용도 이에 따라 이월되어야 한다. 기간손익을 결정하기 위해서는 이와 같은 방법으로 수익과 비용을 대응시키지 않으면 안된다.

④ 객관성의 원칙

회계상의 측정능력을 갖춘 적격자에 의하여 검증 가능한 증거에 따라 이루어져야 한다는 원칙이다.

⑤ 계속성의 원칙

하나의 회계실체 내에서 적용하는 회계원리와 방법이 회계기간에 따라 임의

로 변경되어서는 안되고, 계속적으로 같은 원리와 방법을 적용하여야 한다는
원칙이다.

⑥ 완전공시의 원칙

회계실체의 경제적 문제와 관련이 있는 중요한 모든 정보를 재무제표상에
완전히 이해할 수 있도록 보고하여야 한다는 원칙을 말한다.

⑦ 예외의 원칙

회계원칙이란 자연법칙과 같이 영구불변한 원칙이 아니고 인간이 행위규범
으로써 만들어낸 지침이다. 따라서 회계원칙은 회계가 수행되는 환경이 변화
한다든지 재무제표 이용자의 요구가 변경됨에 따라 달라지기 마련이다.

7) 회계관습

회계관습(accounting conventions)은 회계실무에서 관습적인 규칙으로 실무적으로
존중되고 받아들여지고 있는 것이다. 이는 많은 이들의 동의에 의해 관행적으로
이루어지는 실무규칙이며 실무적 편의를 고려하여 형성된다. 회계관습이 회계원칙
처럼 굳어진 예로는 중요성, 보수주의, 업종별 회계실무 등이 있다. 기업회계기준
제4조도 "회계처리에 관하여 이 기준에서 정하는 이외에는 일반적으로 공정·타
당하다고 인정되는 회계관습에 따라야 한다"고 규정하고 있느니만큼 회계관습을
존중하도록 한다.

8) 회계절차

회계절차(accounting procedures)는 회계기법을 적용함에 따르는 회계행위의 순서
나 회계방법을 말한다. 즉 이는 회계원칙 적용의 구체적인 과정이다. 예를 들
어 감가상각비를 기록하는 경우 감가상각비의 기본요소인 취득원가, 잔존가치,
내용연수에 대한 결정과 감가상각법을 결정한 후 감가상각비를 계산하는 일련
의 과정을 거쳐야 한다. 많은 경우 회계절차는 회계원칙에 포함되어 규정되기
도 한다.

9) 회계실무

회계실무(accounting practices)는 실제 회계행위가 이루어지는 것을 말한다. 이는 회계공준·회계원칙 등으로부터 도출된 회계처리방법을 경제적 사건에 대하여 실제로 적용하는 것이다. 특수한 산업 또는 업종의 특성을 고려하여 업종별 회계처리방법을 인정한다. 업종별 회계실무는 특정산업이나 업종에서 존중되고 있는 실무·방법·규칙 등으로 회계관습에 속한다.

일반적으로 인정된 회계원칙은 실무에서 수용되고 있는 회계절차 및 회계관습을 성문화된 회계기준으로 체계화한 것이다. 즉 대부분의 회계기준은 회계실무상 적용되는 방법인 귀납적 접근법은 회계실무에서의 수용가능성이 높고 보편타당성이 있다는 장점이 있지만 논리적 일관성이 결여될 수 있는 단점이 있다.

제2절 거래 · 분개 · 계정

1. 거래

회계상의 거래란 교환이라는 특징을 가지며 일상생활의 거래와는 다소 차이가 있다.

회계상의 거래란 회계상 기록의 대상이 되는 개별적 사건으로, 회계적 사상 또는 회계적 사건이라고도 한다. 즉 회계상 거래는 기업의 자산·부채·자본상태의 증가나 감소와 같은 변화를 초래하는 모든 사항을 말한다. 또한 수익·비용의 발생도 궁극적으로 자본의 증감변화로 나타나기 때문에 거래에 포함된다.

기업의 어떤 경제적 사건이 발생하면 회계담당자는 우선 그 사건이 회계기록의 대상이 되는 것인지의 여부를 판단하여야 한다. 이는 모든 일상적 거래가 회계의 대상이 되는 것이 아니기 때문이다. 회계상의 거래로 인식되기 위해서는 다음의 두 가지 요건을 충족시켜야 한다.

① 회계주체의 재무상태, 즉 자산·부채·자본의 변화를 초래하여야 한다.
② 화폐단위에 의한 객관적인 측정이 가능하여야 한다.

대부분의 일상적 거래는 회계상의 거래로 인식된다. 그러나 종업원의 채용·고객의 예약·자산의 임대차계약 등은 일상적 거래나 회계상 거래가 아니다. 반대로 화재나 도난에 의한 손실·현금의 분실 등은 일상적으로 거래라고 하지 않지만 회계상으로는 거래이다.

회계상의 모든 거래에는 자산, 부채, 자본에 변화를 초래하는 원인과 결과가 나타난다. 즉 한쪽에 자산이 증가하면 반대쪽은 자산의 감소 또는 부채나 자본의 증가가 같은 금액으로 동시에 발생한다. 이렇게 모든 거래가 회계등식의 세 가지 요소 가운데 하나 또는 그 이상의 요소에 이중으로 영향을 미치는 것을 거래의 이중성이라고 한다.

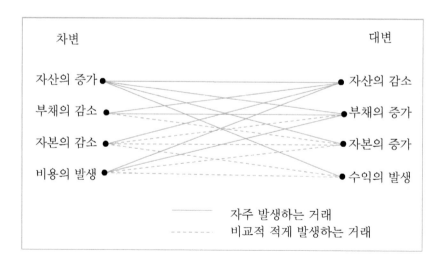

2. 분개

기업의 영업활동 중 거래가 발생하면 거래를 발생한 순서대로 기록하는 동시에 자산, 부채, 자본에 어떤 영향을 주는 거래인지 아닌지 여부를 식별하여야 한다. 영향을 주는 회계상의 각각의 계정에 미치는 영향의 크기, 즉 금액은 얼마인가?(금액결정)

이와 같이 거래를 분개하면 거래의 이중성에 따라 차변금액과 대변금액은 반드시 일치하게 된다. 따라서 회계기록이 정확하게 이루어지려면 분개(journaling)를 정확하게 해야 한다. 분개는 계정기업을 지시하는 역할을 하며 또한 거래에 대한 최소의 기록이기도 하다. 그리고 거래가 발생한 순으로 거래를 분개한 내역을 기재한 장부를 분개장(journal)이라고 한다.

3. 계정

거래가 발생하면 자산, 부채, 자본이 증감 변화하고 수익·비용이 발생하게 된다. 이들 거래의 증감변화를 기록한다 하더라도 일정기간 동안에 여러 개의 거래가 나타나므로 어느 항목에 얼마만큼 증가 또는 감소하였는지 알 수 없다. 따라서 일정기간 동안의 거래내용을 체계적으로 계산·정리하여 자산, 부채, 자본, 수익, 비용 등의 변동을 명백히 하기 위하여 설정된 기록·계산단위를 계정(account: ac)이라 한다.

계정을 표시하는 명칭을 '계정과목'이라 하고, 계정의 좌변을 '차변', 우변을 '대변'이라 한다.

계정과목	
좌변 (차변)	우변 (대변)

1) 항목의 표시와 분류의 계속성

재무제표의 항목 표시와 분류방법을 매기 동일하게 적용하여 재무제표 기간 간의 비교가능성을 제고한다.

2) 보고양식

재무제표는 재무제표 이용자의 이해를 돕기 위하여 간단명료하게 작성한다.

제3절 감가상각비

1. 감가상각비의 의의

토지를 제외한 유형자산은 시간이 흐름에 따라 그 가치가 점차 감소하게 된다. 고정자산은 사용되는 동안에 감모·마모·파손되어 가치가 떨어지거나 아예 가치가 없어지기도 한다. 그러나 제품이나 상품처럼 실제로 재고조사를 해서 감모나 마모를 확인하여 금액을 산출하기란 불가능하다. 따라서 고정자산은 정해진 계산방식에 따라 감소한 가치에 대한 금액을 산출해서 이것을 매년 비용화하는데, 이것을 감가상각이라 하며, 산출된 금액은 감가상각비가 된다. 고정자산에는 유형고정자산과 무형고정자산이 있다. 그런데 2가지 고정자산을 감가상각자산이라고 하며, 여기서 토지나 차지권(타인의 땅을 임대)은 감가상각을 하지 않는다.

감가상각과 유사한 용어로서 상각과 감모상각이 있다. 상각(amortization)은 무형자산의 가치 감소에 대한 원가 배분을 뜻하고, 감모상각(depletion)은 유전이나 산림 등과 같은 천연자원의 고갈분에 대한 원가 소멸액을 뜻한다.

감가상각은 연별 상각을 하는 정규의 감가상각 이외에 임시상각과 특별상각이 있으며, 이의 내용은 다음과 같다.

임시상각은 신제품을 발매함에 따라 고정자산의 가치가 하락한 경우의 상각(손익계산서상의 특별손실로 계상)을 말하며, 특별상각은 조세감면 규제법에 규정된 상각(정상적 상각액 이상인 20~50% 인정)을 의미한다.

2. 내용연수

내용연수(useful life)는 유형자산이 경제적으로 사용될 것으로 기대되는 기간으로서 유형자산의 수명을 말한다. 내용연수는 자산의 물리적 가치 감소와 기능적 가치 감소를 모두 고려하여 합리적인 기간을 산정해야 한다. 여기에는 물리적 내용연수, 경제적 내용연수, 법정 내용연수가 있다.

물리적 내용연수는 물리적으로 마멸될 때까지의 사용연수이고, 경제적 내용연수는 기술혁신에 의해 물리적으로 사용할 수 있더라도 채산상 더 이상 사용할 수 없게 될 때까지의 내용연수이다. 그리고 법정 내용연수는 세법상 규정된 내용연수를 말한다.

내용연수는 물리적 내용연수와 경제적 내용연수를 고려하여 결정해야 하지만, 이에 대한 정확한 추정이 어려우므로 실무에서는 법정 내용연수에 의거하여 결정한다.

3. 잔존가치

잔존가치(residual value)란 유형자산을 처분할 때 획득될 것으로 추정되는 금액에서 그 자산의 철거비 및 판매비용을 차감한 금액을 말한다.

세법에서는 유형고정자산의 잔존가액을 취득가액의 10%로 정하고 있고, 무형고정자산의 잔존가액은 0으로 정하고 있다. 따라서 고정자산은 취득가액 전부를 비용으로 상각할 수 있다.

과거에는 일률적으로 유형자산 취득원가의 10%를 잔존가액으로 하였으나, 기술발전 속도가 빨라 점점 고성능의 우수한 설비가 개발됨에 따라 내용연수 종료 후 잔존가치가 회수되지 않는 경우가 대부분이기 때문에 현재는 0으로 한다.

감가상각액 대상금액(감가상각 기준액) = 취득원가 − 잔존가치

미상각잔액(장부가액) = 취득원가 − 감가상각누계액

감가상각누계액 = 매 회계연도의 감가상각비 합계금액

4. 감가상각의 계산방법

계산방법은 정액법, 정률법, 연수합계법 그리고 비례법이 있는데, 각 기업은 이 중에서 한 가지를 선택하여 세무서에 신고해야 하지만, 정액법과 정률법을 가장 많이 이용하고 있다.

정액법은 각 기간 동안에 균등한 금액을 상각하는 방법으로서, 취득원가에서 잔존가액을 뺀 금액을 내용연수로 나누어 감가상각비를 산출한다. 하지만 일반적으로 세법에서 정해진 정액법 상각률을 곱해서 계산한다.

1) 감가상각비의 계산

정액법은 절차가 간단하고 이해하기 쉬우나 자산의 가치감소는 사용정도에 따라 발생한다는 점과 시간이 경과하면 가속적으로 감소한다는 사실이 적절하게 반영되지 못하고 있다.

정률법으로 감가상각하는 경우에는 잔존가액을 0으로 할 수 없다. 왜냐하면 공식에 잔존가치를 0으로 대입하면 상각률이 1이 되어 첫해에 전액이 상각되기 때문이다. 따라서 법인세법에서는 잔존가액을 취득가액의 5%로 인정하고 있다. 상각률에 잔존가치가 반영되므로 상각 완료 후의 장부가액은 잔존가치와 정확하게 일치한다. 자산의 가치는 사용 후기보다는 초기에 더 많이 감소시킬 수 있기 때문에 정률법은 정액법보다 더욱 현실적으로 사용되고 있다.

① 정액법 : $\dfrac{\text{감가상각 대상금액(취득원가 − 잔존가격)}}{\text{추정내용연수}}$

[정액법에 의한 감가상각비 계산방법]

갑이라는 외식업소에서 냉장고 취득과 관련한 자료는 다음과 같다. 이 자료를 이용하여 정액법으로 감가상각비를 계산하고, 내용연수 동안의 감가상각비 계산과정도 함께 제시하라.

기계의 취득원가	₩1,000,000
추정잔존가치	0
추정내용연수	5년

$$\dfrac{₩1,000,000}{5년}$$

① 연도별 감가상각비 = ₩200,000
② 정액법에 의한 감가상각비 계산과정

연도	계산과정	감각상각비	감가상각누계액	장부가액
1	₩1,000,000÷5년	₩200,000	₩200,000	₩800,000
2	〃	200,000	400,000	600,000
3	〃	200,000	600,000	400,000
4	〃	200,000	800,000	200,000
5	〃	200,000	1,000,000	0
합 계		₩1,000,000		

정률법(fixed-rate method)은 가속상각의 한 방법으로서 내용연수의 초기에는 많이 배분되고 시간이 경과할수록 점차 배분하는 방법이다.

② 정률법: 장부가액(미상각잔액) × 상각률

$$상각률(r) = 1 - \sqrt{NOf\dfrac{잔존가치}{취득원가}} \quad N : 내용연수$$

[정률법에 의한 감가상각비 계산방법]

갑이라는 외식업소에서 냉장고 취득과 관련한 자료는 다음과 같다. 이 자료를 이용하여 정액법으로 감가상각비를 계산하고, 내용연수 동안의 감가상각비 계산과정을 제시하라.

기계의 취득원가	₩1,000,000
추정잔존가치	5%
추정내용연수	5년
상각률(r)	0.451

① 연도별 감가상각비 = 장부가액(미상각잔액) × 상각률

② 상각률 $= 1 - 5\sqrt{\dfrac{₩50,000}{₩1,000,000}} = 0.451$

연도	계산과정	감각상각비	감가상각누계액	장부가액
1	₩1,000,000×0.451	₩451,000	₩451,000	₩549,000
2	549,000×0.451	247,599	698,599	301,401
3	301,401×0.451	135,932	834,531	165,469
4	165,469×0.451	74,627	909,158	90,842
5	90,842×0.451	40,842	950,000	50,000
합계		₩950,000		

③ 정률법에 의한 감가상각비 계산과정
   ※ 금액이 차이가 나는 것은 상각률(0.451)을 소수점 셋째 자리까지만 적용하였기 때문이다.

④ 위의 정률법에 의한 감가상각비 계산과정을 살펴보면, 취득원가 ₩1,000,000 중에서 ₩950,000이 감각상각비로 분배되었고, ₩50,000이 잔존가액으로 남게 된다. 왜냐하면 잔존가치 5%라고 가정하였기 때문이다. 그리고 잔존가액은 완전히 제각(除却)되기 전까지 장부에 계속 기록해 둔다.

2) 감가상각방법의 비교

유형자산의 취득원가·추정내용연수·추정잔존가치가 모두 같더라도 감가상각

방법에 따라 연도별 감가상각비는 다르기 때문에 매 회계연도의 순이익은 다르다. 즉 어떤 감각상각방법을 선택하느냐에 따라 보고되는 순이익도 달라진다.

[감가상각법의 비교]

연도	정액법	정률법
1	200,000	451,000
2	200,000	247,599
3	200,000	135,932
4	200,000	74,627
5	200,000	40,842
합계	1,000,000	950,000

$$연수합계법 = (취득원가 - 잔존가격) \times \frac{(내용연수+1) \times 내용연수}{2}$$

$$생산량비례법 = (취득원가 - 잔존가격) \times \frac{당기실제생산량}{총추정생산량}$$

$$간접노무비 = (취득원가 - 잔존가격) \times \frac{당기실제작업시간}{총추정작업시간}$$

$$정액법 = \frac{취득원가 - 잔존가격}{내용연수}$$

$$정률법 = 미상각잔액 \times 정률$$

5. 감가상각비가 재무제표에 미치는 영향

유형자산에 대한 감가상각비를 회계처리한 후 재무제표에 보고하면 다음과 같은 효과가 있을 수 있다.

1) 대차대조표

대차대조표에는 유형자산에 대한 취득가액과 감가상각누계액이 동시에 보고된다. 감가상각누계액은 매년 계상한 감가상각비를 합계한 것이므로 취득가액에서 감가상각누계액을 차감하면 해당 자산의 장부가액이 된다. 따라서 대차대조표에 보고된 이 금액은 시장가치를 의미하는 것은 아니고 차기 수익에 대응하기 위한 비용으로서 아직 배분되지 않은 원가의 개념이다.

2) 손익계산서

유형자산에 대한 감가상각비는 취득원가를 비용으로 배분하는 과정이므로 감가상각비를 계상하면 손익계산서에는 비용으로 보고되어 당기순이익을 감소시키는 효과가 있다.

3) 현금흐름표

감가상각비는 현금의 지출을 수반하지 않는 비용이다. 즉 현금이 사외로 유출되지 않았기 때문에 감가상각으로 보고된 금액만큼 현금이 사내에 유보되는 효과가 있다. 감가상각비는 현금의 지출을 수반하지 않는 비용임에도 불구하고 이미 손익계산서에 비용으로 보고되었기 때문에 정확한 현금흐름표를 계산하기 위해서는 당해연도의 당기순이익에 가산해야 한다.

4) 이익잉여금처분계산서

감가상각비는 수익에 대응하는 비용이므로 당기순이익을 감소시키는 효과가 있기 때문에 이익잉여금도 감소한다. 따라서 투자자들에게 배당 가능한 이익잉여금이 줄어들게 된다.

6. 표시방법

감가상각의 표시방법에는 직접법과 간접법이 있는데, 간접법은 감가상각에 대해서 차변에 감가상각비를 기입하고 대변에 당해 고정자산을 기입하는 것으로 고정자산가액을 직접 감소시키는 방법이다.

간접법은 감가상각에 대해서 차변에 감가상각비를 기입하고 대변에 감가상각충당금을 기입하는 것으로 고정자산가액을 감가상각충당금을 통해 간접적으로 감소시키는 방법이다.

유형고정자산의 감가상각은 원칙적으로 간접법으로 한다.

7. 처분과 매각

고정자산을 매각하는 것을 처분이라 한다. 실무에서는 상각의 번거로움을 덜기 위해 매각할 때 대부분 감가상각을 하지 않는 경우가 많고, 대신에 처분이익이 증가하게 된다. 또한 기계를 팔아서 손실이 난 경우에는 차변에 고정자산 처분손실로 기입한다. 내용연수 중에 사용을 중지하고 폐기하는 것을 제각이라 한다.

8. 무형고정자산의 감가상각

무형자산은 유형자산이 갖는 구체적·물리적 특수성을 가지고 있지 않으면서도 동 자산을 소유함으로 해서 장기간에 걸쳐 경영에 이용함으로써 특수한 효익을 누릴 수 있는 권리를 말한다. 이 같은 무형자산에는 법률상 권리로서의 특허권, 상표권, 실용신안권, 의장권, 광업권, 차지권, 영업권, 창업비, 개발비 등이 있다.

무형자산의 취득원가 = 매입가격 + 부대비용

무형고정자산은 정액법이 이용되며, (취득원가 − 0) ÷ 내용연수로 계산하며, 내용연수는 다음의 표와 같다.

[무형감가상각 자산의 내용연수표(세법)]

종류	내용연수	종류	내용연수
특허권	10	전기가스 공급시설 이용권	15
상표권	10	전신전화 전용시설 이용권	20
의장권	7	공업용 수도시설 이용권	15
실용신안권	5	수도시설 이용권	15
수리권	15	열공급시설 이용권	15
어업권	10	댐 사용권	50
영업권	5	수도시설 관리권	30
광업권	20	유료도로 관리권	10
전용측선이용권	25	하수종말처리장시설 관리권	25

자료: 홍기운, 식품구매론, 대왕사, 2001, p. 323.

재무제표

제12장 재무제표

제1절 재무제표의 개념

1. 재무제표의 개념

재무제표(financial statements)란 특정 회계기간 동안에 특정 회계실체에 관련하여 발생된 거래를 측정·기록·분류·요약한 회계보고서로서 일정시점의 재무적 상태나 일정기간의 활동 결과를 요약한 표이다. 재무제표는 외부 이해관계자에게 기업의 재무적 정보(financial information)를 제공(전달)할 목적으로 작성된다.

일반적으로 기업의 외부 이해관계자들은 불특정 다수인이기 때문에 재무제표의 전달은 공시(disclosure)의 방법을 통하여 이루어진다. 이들 외부 이해관계자들은 공시된 재무제표만으로 기업의 경제적 현상을 파악하고 이해할 수밖에 없으므로 공시되는 재무제표의 작성에 관하여는 법적으로 엄격한 규제가 가해지는 것이 보통이다.

재무제표는 나라마다 또는 한 나라 안에서도 법률의 규정에 따라 상이하게 구성되어 있으나, 기업회계기준에서는 대차대조표, 손익계산서, 자본변동표, 이익잉여금처분계산서, 현금흐름표의 다섯 가지를 포함하고 있다.

1) 대차대조표

대차대조표(balance sheet)는 특정시점에 있어서 기업의 자산·부채·자본의 상태를 나타내주는 회계보고서이다.

2) 손익계산서

손익계산서(income statement; profit & loss statement)는 일정기간 동안의 기업의 영업활동성과를 나타내주는 보고서이다.

3) 자본변동표

자본변동표(statement of changes in equity)는 자본의 크기와 그 변동에 관한 정보를 제공하는 보고서이다.

4) 이익잉여금처분계산서

이익잉여금처분계산서(statement of appropriation of retained earning)는 이월이익잉여금의 수정사항과 미처분이익잉여금의 처분사항을 명확하게 나타내주기 위한 보고서이다.

5) 현금흐름표

현금흐름표(statement of cash flows)는 일정기간 동안의 현금의 흐름을 나타내는 표로서, 현금의 변동내용을 명확하게 보고하기 위하여 당해 회계기간에 속하는 현금의 유입과 유출내용을 표시하는 보고서이다.

2. 기간별 보고와 재무제표

회계의 관철대상인 특정 회계실체의 경제적 사건은 끊임없이 발생하며 그러한 사건을 나타내주는 회계정보도 계속적으로 만들어져야 한다. 그러나 이러한 모든 정보를 그 이용자에게 그때그때 수시로 전달해 준다는 것은 매우 번거롭거나 불가능할 뿐만 아니라 그와 같이 수시로 전달되는 많은 양의 정보는 이용자의 혼란만을 초래시킬 위험도 있는 것이다.

이러한 의미에서 회계는 일정한 기간단위로 구분된 기간별로 회계정보를 보고하는 기간별 보고(periodic reporting)방식을 이용하고 있다. 경제적 사건(economic events) 중에서도 식별 가능하고 화폐수치로 기록 가능한 경제적 사건인 회계사상(accounting events)은 정해진 기간 동안의 것을 집약하여 측정·보고한다.

경제적 상태는 매기 초 또는 매기 말의 것만을 측정·보고한다. 회계보고기간이 일정한 길이로 구분되어 매 회계기간이 서로 비교 가능한 단위가 될 경우에는 기간별 사건이나 상태의 집약보고는 회계이용자에게 매우 유용한 것이 될 수 있다.

회계기간이 서로 비교 가능한 단위일 경우에 회계이용자는 기간별 보고를 통하여 실제의 현상에 대한 보다 명확한 판단과 미래의 예측에 큰 도움을 받을 수 있다. 더구나 계속기업(going concern)에 있어서는 기업의 활동 결과가 기간별로 이해관계자에게 전달되는 것으로 전제되므로 기간별 보고는 회계에서 매우 중요한 의미를 갖는다. 우리나라 대부분의 기업은 1년을 회계기간으로 구분하고 있으며 1년마다 재무제표를 작성하여 일정한 기간별 보고를 행하고 있다.

3. 재무제표의 연계성

대차대조표는 기초의 상태로부터 기중의 활동(이익창출활동, 이익처분활동 및 현금의 유입과 유출활동)의 결과로 나타나는 상태를 표시하는 상태(position statement)이다. 반면에 손익계산서는 일정기간 동안의 이익의 창출활동을, 자본변동표는 일정기간 동안의 자본의 변동을, 이익잉여금처분계산서는 일정기간 동안의 이익의 처분활동을, 현금흐름표는 일정기간 동안의 현금의 유입과 유출활동을 집약하여 표시하는 활동표이다.

여러 재무제표는 서로 독립적으로 존재하는 것이 아니라 상호 밀접한 관련하에서 작성되며 동시에 서로 연결되어 있다. 손익계산서와 기말대차대조표는 당기순이익을 공통항목으로 하여 서로 관련을 가지며, 손익계산서와 현금흐름표는 당기순이익이나 감가상각비 및 무형자산상각 등을 공통항목으로 하여 서로 연결된다.

4. 재무제표 작성과 표시의 일반원칙

기업회계기준에서 모든 재무제표의 작성에 공통적으로 적용하여야 하는 원칙은 다음과 같다.

1) 계속기업

재무제표는 계속기업의 가정하에서 작성되며, 경영자는 매 회계기간마다 계속기업의 전제를 평가하여야 한다. 기업의 존속가능성에 대한 중대한 의문을 가지게 된 경우는 주석으로 공시한다.

2) 재무제표의 작성책임과 공정한 표시

재무제표의 작성과 표시에 대한 책임은 경영자에게 있다. 재무제표가 기업회계기준에 따라 작성된 경우에는 그러한 사실을 주석으로 기재하여야 한다. 그러나 재무제표가 기업회계기준에서 요구하는 사항을 모두 충족하지 않은 경우에 기업회계기준에 따라 작성되었다고 기재하여서는 안된다.

3) 회계정책의 결정

기업은 기업회계기준이 정하는 범위 내에서 회계정책을 선택·결정하여야 하며, 기업회계기준에 정한 바가 없는 경우에는 유사하거나 관련된 거래나 회계사건에 대한 기업회계기준, 회계기준 제정기구의 유권해석, 이와 일관성 있고 국제적으로 인정되는 회계기준·감독규정·회계관습 및 회계실무 등을 고려하여 결정한다.

4) 항목의 구분 · 통합의 표시

중요한 항목은 재무제표의 본문 또는 주석에 그 내용을 가장 잘 나타낼 수 있도록 구분하여 표시하며, 중요하지 않은 항목은 성격이나 기능이 유사한 항목과 통합하여 표시할 수 있다.

5) 비교재무제표의 작성

전기 재무제표상의 모든 계량정보를 당기와 비교하는 형식으로 표시한다.

6) 항목의 표시와 분류의 계속성

재무제표의 항목 표시와 분류방법을 매기 동일하게 적용하여 재무제표 기간 간의 비교가능성을 제고한다.

7) 보고양식

재무제표는 재무제표이용자의 이해를 돕기 위하여 간단 명료하게 작성한다.

제2절 대차대조표의 개념

1. 대차대조표의 의의

대차대조표(balance sheet: B/S)는 일정시점에서 기업이 재무상태를 나타내는 보고서이다. 대차대조표의 구성항목은 크게 자본의 조달사항을 보여주는 대변항목과 자산의 운용상황을 보여주는 차변항목으로 나눌 수 있다. 재무상태란 기업이 보유하고 있는 경제적 자원의 재산적 가치와 기업이 채권자의 자본가에게 지급하여야 할 의무의 크기를 뜻하는 것으로, 대차대조표에는 자산·부채·자본이 포함되어 작성·보고된다. 자산·부채·자본의 크기는 기업이 경영활동을 수행하는 과정에서 계속하여 증감하므로 대차대조표란 기업의 연속적인 경영활동과정 중 일정시점을 기준으로 작성된 것이며, 이러한 의미에서 기업의 재무상태를 어느 시점에서 순간적으로 촬영한 스냅(snap)사진에 비유할 수 있다.

[대차대조표] 기업(2016년 12월 14일 현재)

(단위 : 억 원)

자산	금액	부채 · 자본	금액
Ⅰ. 유동자산	45	Ⅰ. 유동부채	49
(1) 당좌자산	2.57	매입채무	15
현금 · 예금	7	단기차입금	19
유가증권	0.5	기타 유동부채	14.5
매출채권	13	Ⅱ. 고정부채	38.7
기타 당좌자산	5.2	회사채	17
(2) 재고자산	12	장기차입금	16
(3) 기타 유동자산	4	기타 고정부채	5.7
Ⅱ. 고정자산	99.7	Ⅲ. 자본	57.3
(1) 투자자산	17	(1) 자본금	17
(2) 유형자산	37	(2) 자본잉여금	24
토지	4.5	(3) 이익잉여금	15.3
건물	13	(4) 자본조정	1
기계	14.3		
기타	8.8		
(3) 무형자산	5.2		
자산총계	145	부채와 자본 총계	145

2. 대차대조표의 구성요소

1) 자산

자산(assets)이란, 기업이 소유하고 있는 경제적 자원으로써, 과거의 거래나 사건의 결과로 특정기업에 의해 획득한 미래의 경제적 효익(future economic benefit) 또는 용역잠재력(service potentials)을 의미한다.

유동자산(current assets)은 대차대조표 작성일로부터 단기간 내 또는 보통 1년 이내에 현금화될 수 있는 자산을 의미한다. 유동자산은 당좌자산, 재고자산, 기타 유동자산으로 분류되며, 당좌자산은 현금 · 예금, 유가증권, 현금등가물(당좌예금, 보통예금, 타인발행 수표 등), 단기금융상품, 매출채권, 기타 당좌자산, 단기대여금, 미수금, 선급금(계약금, 착수금) 등으로 세분된다.

고정자산(fixed assets)은 현금화하는 데 1년 이상이 소요되는 자산이다. 새로운 기업회계기준(1999년 개정)에 따르면 고정자산은 투자유가증권, 관계회사대여금과 같은 투자자산과 토지, 건물, 기계, 구축물과 같은 유형자산(tangible assets), 그리고 영업권, 산업재산권, 개발비 등과 같은 무형자산(intangible assets) 등으로 구분된다.

재고자산은 유동자산 중에서 판매과정을 거쳐 현금화가 가능한 자산을 말한다. 재고자산의 예로는 상품, 제품, 반제품, 재공품, 원재료, 저장품 등이 있고, 이것은 비화폐성 자산으로 분류된다.

투자자산은 1년 이상의 장기간에 걸쳐 자산의 이익증식을 목적으로 또는 다른 기업을 지배할 목적으로 보유하고 있는 자산을 말하며, 여기에는 장기성예금, 장기금융상품, 투자유가증권, 장기대여금, 장기성매출채권, 투자부동산, 보증금, 이연법인세 등이 있다.

유형자산은 기업의 기본재산인 동시에 생산능력과 규모를 결정하는 중요한 자산이므로 설비자산이라고도 한다. 여기에는 토지, 건물, 구축물, 기계장치, 주방설비, 차량운반구, 공구, 비품 등이 있다.

무형자산은 구체적으로 실체는 없으나 장기적으로 법률적 권리나 경제적 권리를 부여하여 기업이 경제적 효익을 얻을 수 있는 경영상의 권리를 말한다. 여기에는 영업권, 수리권, 특허권, 실용신안권, 의장권, 상표권, 어업권 등이 있다.

[자산의 분류]

[당좌자산의 분류]

과 목	의 의
현금 및 현금등가물	통화 및 통화대용증권과 당좌예금·보통예금 및 현금등가물
단기금융상품	1년 내 만기일이 도래하는 정기예금·정기적금·사용이 제한되어 있는 예금 및 기타 정형화된 금융상품
유가증권	1년 이내 보유목적의 주식·채권·공채·국채 등
매출채권	일반적 상거래에서 발생한 외상매출금과 받을 어음
단기대여금	회수기한이 1년 이내에 도래하는 대여금
미수금	일반적 상거래 이외에서 발생한 미수채권
미수수익	당기에 속하는 수익 중 미수액
선급금	상품·원재료 등의 매입을 위하여 미리 지급한 금액
선급비용	미리 지급한 비용 중 소멸되지 않은 금액

자료: 조동훈, 호텔회계원리, 한올출판사, 2004, p. 288.

2) 부채

부채는 타인에게 지급할 것을 약속한 채무를 말한다. 기업회계에서 부채는 과거 거래나 사건의 결과로서 현재 기업실체가 부담하고, 그 이행에 자원의 유출이 예상되는 의무이다.

한편 대차대조표상의 부채는 유동부채, 고정부채로 구분된다. 부채도 역시 1년을 기준으로 상환기간이 1년 이내인 유동부채(current liabilities)와 1년 이상인 고정부채(fixed liabilities)로 나누어진다.

유동부채는 1년 이내에 현금으로 상환해야 되는 부채이므로 현금유출액이 된다. 여기에는 매입채무, 미지급금, 선수금(계약금, 착수금), 예수금(소득세, 보험료, 퇴직적금, 조합비 등), 미지급비용, 미지급법인세, 선수수익(건물임대료, 이자), 단기차입금 및 기타 유동부채 등이 있다.

고정부채는 상환기간이 장기이므로 미래에 지급할 금액의 현재가치로 보고해야 한다. 즉 미래에 상환할 금액을 적정한 할인율로 표시한 현재가치인 것이다. 여기에는 사채, 장기차입금, 장기성매입채무, 부채성충당금(퇴직급여충당금, 수선충당금), 이연법인세 등이 있다.

[부채의 분류]

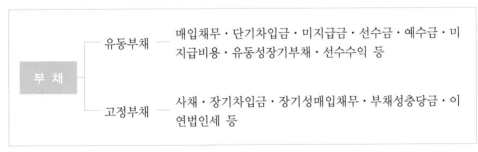

부채	유동부채	매입채무 · 단기차입금 · 미지급금 · 선수금 · 예수금 · 미지급비용 · 유동성장기부채 · 선수수익 등
	고정부채	사채 · 장기차입금 · 장기성매입채무 · 부채성충당금 · 이연법인세 등

3) 자본

자본은 총자산에서 총부채를 차감한 소유지분 또는 주주지분이라고 말하는 것으로, 일명 잔여지분·순재산·순자산이라고도 한다. 남에게 빌려서 조달한 자본을 부채(debts) 또는 타인자본이라고 하며, 주식발행으로 조달한 자본을 자본 또는 자기자본이라 부른다. 기업은 경영활동을 원활히 수행하기 위하여 지속적으로 자금(funds)을 필요로 한다.

잔여지분이라 함은 기업의 자산 중 채권자 지분인 부채를 차감한 잔액만이 소유주(투자자 또는 자본가)에게 귀속되기 때문이다.

자본의 분류는 자본의 형태에 따라 다르다. 개인이나 합명회사 또는 합자회사와 같은 인적 결합기업의 자본은 자본계정 하나로 기입하나, 주식회사 자본은 발생원천에 따라 자본금, 자본잉여금, 이익잉여금 및 자본조종으로 분류하여 기입한다.

자본금은 주주들이 출자한 금액이며, 자본잉여금은 주식발행·합병·주식소각과 같이 기업 고유의 영업활동이 아닌 자본거래에서 발생한 잉여금을 말하고, 이익잉여금은 정상적인 영업활동에서 발생한 순이익 중 배당을 하지 않고 사내에 유보된 금액이다. 자본조정은 자본금을 증감시키는 항목으로 자본 전체에 가감하는 형식으로 표시되는 항목이다.

$$자산 - 부채 = 자본$$

[자본의 분류]

자 본	• 자본금: 보통주자본금·우선주자본금 • 자본잉여금: 주식발행초과금·감자차익·기타 자본잉여금 • 이익잉여금: 이익준비금·기타 법정적립금·임의적립금·차기이월 이익잉여금(또는 차기이월결손금) • 자본조정: 주식발행차익금·배당건설이자·자기주식·미교부주식 배당금·투자유가증권이익(손실)

3. 자산의 운용

기업이 조달한 자본은 경영활동을 수행하기 위하여 적절히 투자된다. 조달한 자본은 생산활동을 위하여 시설자산에 투자되기도 하고, 일부는 생산활동 이외에 사용되기 위하여 투자된다. 유동자산은 영업활동을 도와주는 역할을 하는 자산으로서 대체로 1년 안에 유동화될 수 있는 자산이다. 유동자산은 1년 안에 갚아야 하는 유동부채를 변제할 수 있는 힘의 근원일 뿐만 아니라, 경영활동에 있어서 필수적인 운영자본의 역할을 한다.

유동자산을 충분히 보유하는 것은 기업의 지급불능 위험(insolvency risk)을 제거하는 데 기여한다. 그러나 과도한 유동자산의 보유는 기업의 유동성(liquidity)을 높여서 지급불능 위험을 감소시키는 데는 기여하지만, 기업의 수익성(profitability)을 낮추는 결과를 가져온다.

고정자산은 주로 생산활동을 수행하기 위하여 필요한 자산으로서 쉽게 유동화되기 어려운 자산이다. 고정자산은 통상 1년 이상 기업에 잠겨 있는 자산이므로 고정자산에 투자한 정도를 자본의 고정화 정도로 부르기도 한다.

고정화된 자산이 유동화(또는 현금화)되기 위해서는 생산·판매·회수의 과정을 거쳐야 하므로, 자본의 고정화 정도가 높을수록 기업 불확실성의 원천이지만 반면에 수익의 근원이기도 하다.

$$자산 = 부채 + 자본$$

4. 자산구성과 위험

유동자산의 규모가 클수록 기업은 단기채무에 대한 변제능력(유동성)을 충분히 가지므로 지급불능위험이 낮아진다. 반면에 지나친 유동자산의 보유는 기업의 수익성을 해치는 결과를 가져온다. 한편 고정자산의 규모가 클수록 유동성이 낮아지고 위험이 커지나, 고정자산의 규모가 지나치게 작은 기업은 적정한 수익성을 얻는 데 어려움을 겪게 된다.

1) 대차대조표상의 위험균형

대차대조표상의 차변과 대변의 구성내용을 비교하는 것은 자본조달과 자산운용의 위험이 균형을 이루는지를 파악하는 데 도움을 준다.

2) 자산구성과 자본구성의 위험균형

자산구성에 따른 위험의 경우 고정자산의 위험이 유동자산의 위험보다 크기 마련이다. 그리고 자본조달에 따른 위험의 경우 유동부채의 위험이 가장 크고 다음이 고정부채의 위험이며, 자본은 위험이 가장 적다.

기업이 안정된 경영상태를 유지하기 위해서는 자산구성의 위험이 자본구성의 위험과 균형을 이루어야 한다. 기업의 경영활동이 비정상적인 상태에 있으면 위험균형이 깨지게 된다.

예를 들면 자본조달에 위험이 가장 큰 유동부채를 자산구성에서 위험이 가장 작은 유동자산으로 커버하지 못한다면 기업은 채무불이행에 이를 수 있다. 즉 자본구성상의 위험이 가장 큰 유동부채가 자산구성상의 위험이 상대적으로 작은 유동자산으로 충분히 커버될 때 기업의 유동성은 유지된다. 그리고 위험이 큰 고정자산 투자가 위험이 작은 자기자본과 고정부채의 범위 내에서 이루어지지 않을 때, 기업의 안정성은 심각하게 위협받게 된다. 다시 말하면, 위험이 큰 고정자산을 위험이 상대적으로 작은 자기자본과 고정부채 범위 내에서 균형 있게 투자할 때 기업의 안정성은 확보된다.

제3절 손익계산서

1. 손익계산서의 의의

손익계산서(profit and loss statement: PL)는 일정기간 동안의 기업의 경영성과를 나타내주는 회계보고서이며, 이익계산서(income statement: I/S)라고도 한다. 경영성과는 손익을 말하며, 손익은 일정기간 경영활동의 결과로 나타나는 수익(revenues)과 비용(costs)을 대응시키고, 이들의 차이를 이익의 형태로 보고하는 회계자료이다.

1) 손익계산서의 유용성

손익계산서와 대차대조표는 경영자의 의사결정과정에서 중요한 자료이다.

① 기업의 당기영업활동의 성과에 대한 정보를 제공한다.
② 기업의 수익력(earning power)과 미래의 손익흐름을 예측할 수 있는 정보를 제공한다.
③ 기업의 경영계획이나 신규투자의 수익성 검토 및 배당정책 등을 수립하는 기초적 정보를 제공한다.
④ 기업의 실현수익과 발생비용의 사유와 원천을 파악할 수 있는 정보를 제공한다.
⑤ 경영자의 경영능력 내지 경영효율성을 평가할 수 있는 기본적 정보를 제공한다.

2) 손익계산서의 작성

손익계산서의 작성 시 기본적인 원칙이 있다.

① 완전성의 원칙: 손익계산서는 기업의 경영성과를 명확히 보고하기 위하여 그 회계기간에 속하는 모든 수익과 비용을 표시하여야 한다.

② 적정표시의 원칙: 손익계산서는 수익과 비용을 적정하게 표시하여야 한다. 회계원칙에 준거하여 작성한다.

3) 손익계산서의 작성기준

기업회계기준 제35조 및 제54조에서 규정하고 있는 손익계산서의 작성기준은 다음과 같다.

① 발생주의: 모든 수익과 비용은 그것이 발생한 기간에 정당하게 배분되도록 한다. 다만, 수익은 실현시기를 기준으로 계상하고 미실현 수익은 당기의 손익계산서에 산입하지 않음을 원칙으로 한다.

② 수익과 비용의 대응 표시: 수익과 비용은 그 발생원천에 따라 명확하게 분류하고 각 수익항목과 이에 관련되는 비용항목을 대응 표시하여야 한다.

③ 총액표시: 수익과 비용은 총액에 의하여 기재함을 원칙으로 하고 수익항목과 비용을 직접 상계함으로써 그 전부 또는 일부를 손익계산서에서 제외시키면 안된다.

④ 구분표시: 손익계산서는 매출총손익, 영업손익, 경상손익, 법인세차감전순손익과 당기순손익으로 구분·표시하여야 한다. 다만, 제조업·판매업 및 건설업 이외의 기업에서는 매출총손익의 구분표시를 생략할 수 있다.

제1단계 매출총손익 = 매출액 − 매출원가
제2단계 영업손익 = 매출총손익 − 판매비와 관리비
제3단계 경상손익 = 영업손익 + 영업외수익 − 영업외비용
제4단계 법인세비용차감전순손익 = 경상손익 + 특별이익 − 특별손실
제5단계 당기순손익 = 법인세비용차감전순손익 − 법인세비용

⑤ 주당순이익 등의 표시: 1주당 경상이익 및 1주당 당기순이익은 당기순이익에 주기하고 그 산출근거를 주석으로 기재한다.

⑥ 실현주의: 실현주의 기준은 재화를 판매하였거나 용역을 제공하였을 때 판매 액이나 용역 제공액으로 수익을 인식하는 기준을 말한다. 이를 판매주의라고 도 한다.

[손익계산서의 항목분류]

기업회계기준에 의한 손익계산서의 항목분류는 다음과 같다.

1. 비용의 분류
- 매출총손실
- 판매비와 관리비: 급여(임원급여, 급료, 임금 및 제 수당을 포함한다), 퇴직급여, 복리후생비, 임차료, 접대비, 감가상각비, 무형자산상각비, 세금과공과, 광고선 전비, 연구비, 경상개발비, 대손상각비 등
- 영업외비용: 이자비용, 기타의 대손상각비, 유가증권처분손실, 유가증권평가손 실, 재고자산평가손실(원가성이 없는 재고자산감모손실을 포함한다), 외화환산손 실, 기부금, 지분법평가손실, 투자유가증권감액손실, 투자자산처분손실, 유형자 산처분손실, 사채상환손실, 법인세추납액 등
- 특별손실: 비경상적·비반복적으로 발생한 영업외비용, 재해손실 등
- 법인세비용

2. 수익의 분류
- 매출총이익
- 영업외수익: 이자수익, 배당금수익(주식배당액은 제외한다), 임대료, 유가증권처 분이익, 유가증권평가이익, 외환차익, 외화환산이익, 지분법평가이익, 투자유가 증권감액손실환입, 투자자산처분이익, 유형자산처분이익, 사채상환이익, 법인세 환급액 등
- 특별이익: 비경산적·비반복적으로 발생한 영업외수익, 자산수증이익, 채무면제 이익, 보험차익 등

자료: 정현웅·정병표 공저, 호텔회계, 두남, 2002, p. 396.

2. 손익계산서의 구성

손익계산서(income statement: I/S)는 일정기간 동안의 기업의 경영성과를 명확히 보고하기 위하여 회계기간에 속하는 모든 수익과 이에 대응하는 모든 비용을 기재하고 법인세 등을 차감하여 당기손익을 표시하는 회계자료이다.

손익계산서에 있어서 매출총이익(gross profit)은 매출액(sales)에 매출원가(cost of sales)를 차감하여 산출하고, 영업이익(operating income)은 매출총이익에서 판매비와 관리비(selling and administrative expenses)를 차감하여 산출한다. 경상이익(ordinary incomes)은 영업이익에 영업외수익(non-operating incomes)을 더하고 영업외비용(non-operating expenses)을 차감하여 구한다.

법인세비용차감전순이익(earnings before taxes: EBT)은 납세전순이익이라고도 하며 경상이익에서 특별이익(extra-ordinary gains)을 가산하고 특별손실(extra-ordinary losses)을 차감하여 산출한다.

당기순이익(net income)은 납세후순이익이라고도 하며 법인세비용과 차감전순이익에서 법인세비용 등의 소득세를 차감하여 산출한다.

[손익계산서]

갑을주식회사   2016. 1. 1~2016. 12. 31(단위 : 억 원)

Ⅰ. 매출액	100
Ⅱ. 매출원가(-)	55
(1) 재료비	28
(2) 노무비	23
(3) 경비	3
(감가상각비)	1
Ⅲ. 매출총이익(+)	45
Ⅳ. 판매비와 관리비(-)	6
(1) 급여 및 복리후생비	2
(2) 광고선전비	0.5
(3) 운반비	0.5
(4) 감가상각비	1
(5) 기타 비용	2
Ⅴ. 영업이익	39
Ⅵ. 영업외수익(+)	5
(1) 수입이자	2
(2) 기타 영업외수익	3
Ⅶ. 영업외비용(-)	15
(1) 이자비용	8
(2) 기타 영업외비용	7
Ⅷ. 경상이익	29
Ⅸ. 특별이익(+)	3
Ⅹ. 특별손실(-)	7
ⅩⅠ. 법인세비용차감전순이익	25
ⅩⅡ. 법인세비용(-)	12
ⅩⅢ. 당기순이익	13

3. 수익과 비용의 인식

1) 수익

기업은 재화나 용역을 생산하거나 구입하여 판매하는 활동을 계속적으로 하고 있다. 따라서 상품의 판매나 용역을 제공하고 받은 대가를 수익(revenues)이라 한다.

기업이 수익을 획득하기 위해서는 원재료 구입·판매·대금 회수 등의 과정을 거치며 각 단계를 거칠 때마다 그 가치는 점차적으로 증가한다. 이 경우에 가치가 증가하는 정도에 따라 수익을 인식하는 것이 원칙이지만, 각 단계별로 수익금액을 측정하여 인식하는 것은 불가능하다. 수익은 어느 한 시점에서만 발생하는 것이 아니고 전체적인 과정을 통해 발생하기 때문에 특정시점을 선택하여 수익을 인식하는 기준이 필요하다.

① 수익획득과정이 완료되었거나 또는 실질적으로 거의 완료되어야 한다.
② 수익창출활동을 통해 유입될 금액을 합리적으로 측정할 수 있어야 한다.

2) 비용

수익의 인식을 설명할 때 기업은 상품의 판매나 용역을 제공하고 수익을 얻는다고 하였다. 이때 수익을 얻기 위해서는 상품을 구입하거나 용역(서비스)을 사용해야 한다. 따라서 비용(expense)이란 수익을 획득하는 과정에서 소멸된 원가 또는 소비된 자산을 말한다.

비용은 주된 영업활동으로부터 발생한 비용과 영업활동과 직접적인 관련 없이 발생한 손실(loss)과는 구분되어야 한다. 손실이란 주요 경영활동 이외의 부수적인 거래나 사건의 경과로 발생하는 경제적 효익의 유출로서 이는 자본의 감소로 나타나게 된다.

4. 매출원가

매출원가는 매출수익에 대응되는 원가로서 일정기간 동안에 판매된 상품이나 서비스를 구입한 금액이다. 매출원가는 당기의 매출수익에 대응하여 파악해야 하기 때문에 판매한 상품의 구입원가만을 인식하고, 결산일까지 판매되지 않고 남아 있는 상품은 매출원가로 인식하지 않는다.

매출액은 상품의 판매가 이루어지는 시점에서 인식하지만 매출원가는 그렇지 않다. 왜냐하면 매출액에서 매출원가를 차감하여 계산하는 매출총이익은 시점이 아니라 기간개념이기 때문이다. 매출원가는 상품을 판매하는 시점에서 산출되는 것이 아니라 재무제표를 작성하는 결산일에 산출된다.

1) 기초상품재고액

기초상품재고액은 전기로부터 이월된 상품재고액이다. 즉 전기의 기말상품재고액이 다음연도의 기초상품재고액을 구성하게 된다. 따라서 별도의 방법으로 계산하는 것이 아니라, 전년도 기말상품재고액이 이월된다. 마찬가지로 전년도의 대차대조표에 보고된 재고자산 계정 중 상품의 금액이 이월되어 일치한다.

2) 당기상품매입액

당기상품매입액은 당기에 매입한 상품의 총금액에서 매입할인을 차감한 잔액이다. 이렇게 계산된 당기상품매입과 기초상품재고액을 합하면 판매가능한 상품이 된다.

판매가능한 상품 중에서 회계 말까지 판매되지 않고 남아 있는 상품은 기말상품재고액이 되고, 판매된 상품은 매출원가로 구성된다. 만일 보유 중인 상품이 전부 판매되었다면 기말상품재고액은 없고, 판매된 상품은 모두 매출원가로 보고된다.

3) 기말상품재고액

기말상품재고액은 회계연도 말까지 판매되지 않고 남아 있는 상품을 말한다. 기말상품재고액은 매출원가를 계산하는 데 매우 중요한 요소이다. 상품의 매출원가는 기초상품재고액과 당기상품매입액을 합산한 금액에서 기말상품재고액을 차감하여 계산한다.

4) 판매비와 관리비

판매비는 직접비에 해당하며 관리비는 간접비에 해당되는 개념이다. 판매활동에 수반하여 발생되는 모든 비용을 판매비(selling)라고 한다. 판매비는 판매활동과 직접적인 관련이 있기 때문에 판매실적의 증감과 정비례하는 변동비 성질을 갖는다. 판매비는 영업부서에서 주로 발생하며, 판매원의 급여, 제 수당, 봉사료, 광고선전비, 판매수수료, 접대비 등이 있다.

관리비(administrative expense)는 기업의 전반적인 일반관리 업무에서 발생하는 비용을 말한다. 관리비는 판매활동을 지원하는 부서에서 주로 발생하기 때문에 판매량과는 관련이 없는 고정비 성격을 갖는다. 관리비는 총무부서 등에서 주로 발생하며, 급여, 복리후생비, 통신비, 세금과공과, 보험료 등이 있다.

외식업에서는 주방용 소모품비, 주방용 세제, 유니폼비, 청소용품비, 리넨류 등이 있다.

5) 영업외수익

영업외손익은 기업의 정상적인 영업활동과 직접적인 관련 없이 부수적으로 발생하는 수익과 비용으로 구분된다. 즉 주된 영업활동 이외에 부수적 영업활동이면서 경상적이고 반복적인 거래의 결과로 발생하는 것은 영업외손익으로 보고한다.

영업외손익에 해당하는 영업외수익과 영업외비용은 서로 대응되는 개념은 아니며, 그 자체로서 인식될 뿐이다. 손익계산서에 영업외수익과 영업외비용을 같이 배열함으로써 정보이용자들의 이해를 돕기 위한 것이다.

영업외수익은 대부분 금융과 관련된 수익으로 구성되어 있다. 이자수익(국채, 공채, 사채), 배당금수익, 유가증권처분이익, 유가증권평가이익, 외환차익 등이다.

6) 영업외비용

영업외비용은 영업수익을 얻기 위한 직접적인 비용은 아니고 부수적·보조적으로 발생하는 비용을 뜻한다. 기업의 주된 영업활동을 위한 비용에 대하여 보조적인 비용의 성격을 갖지만 정상적인 영업활동의 일환으로서 경상적으로 발생하는 비용이다.

영업외비용은 영업외수익과 마찬가지로 금융과 관련된 비용이 대부분이다. 여기에는 이자비용, 유가증권처분손실, 외환차손, 외화환산손실, 기부금 등이 있다.

7) 특별이익

특별이익은 정상적인 기업활동과 관련 없이, 그리고 자주 발생하지 않는 항목을 말한다. 따라서 특별손익 항목의 판단기준은 비경상성과 비반복성에 있다. 비경상성을 지니면서 정상적인 영업활동과 관련되지 않는 것이어야 한다.

특별이익은 그 성격이 비경상적인 조건과 발생빈도에 있어서도 비반복적인 조건을 모두 충족하면서 금액이 상당히 큰 항목을 말한다. 영업외수익과 비교해 보면 훨씬 더 이례적인 항목으로 구성되어 있다.

기업회계에서 열거하고 있는 특별이익에는 자산수증이익, 채무변제이익, 보험차익 등이 있다.

8) 특별손실

특별손실은 비경상적인 조건과 비반복적인 조건을 가지면서 금액이 상당히 큰 항목을 말한다. 기업회계기준은 어떤 수익과 비용이 경상적인 항목인가 또는 특별한 항목인가를 구분하는 기준으로 경상적이고 비반복적인 특별항목인지 여부를 중요시하면서, 중요성의 원칙에 의하여 금액의 크기도 고려하여 결정하도록 규정하고 있다. 여기에는 재해손실로서의 화재, 풍수해, 지진 등의 천재·지변 또는 도난으로 인한 돌발적인 사건으로 재고자산이나 유형자산에 입은 손실을 말한다.

9) 법인세비용

법인세는 기업이 일정한 회계기간 동안 벌어들인 소득에 대하여 부과하는 세금이다. 법인세비용의 효과는 영업활동의 결과에 따라 다르게 인식된다. 이익이 많으면 법인세비용도 많고, 이익이 적으면 법인세비용은 적어지는 인과관계가 성립된다.

10) 당기순이익

손익계산서는 일정기간 동안 발생한 거래나 경제적 사건을 수익·비용·이익·손실로 보고하는 회계보고서이다. 이처럼 손익계산서는 일정기간 영업활동의 결과인 이익에 관한 정보를 제공해 준다.

제4절 현금흐름표

1. 현금흐름표의 의의

현금흐름표(statement of cash flows)는 일정기간 동안 기업의 현금흐름을 나타내는 재무제표이다. 현금흐름표는 일정기간 동안 현금의 변동내역을 명확하게 보고하기 위하여 현금의 유입(원천)과 유출(사용)에 관한 정보를 제공할 목적으로 작성된다.

기업의 이해관계자들은 기업이 어떻게 현금을 창출하고 어디에 사용하는지를 명확하게 인식할 필요가 있다. 왜냐하면 자금수단으로 바로 이용할 수 있을 뿐만 아니라 투자활동이 중요하기 때문이다.

현금흐름표에서 현금이란 현금, 예금 및 현금등가물을 의미한다. 일반적으로 기업의 배당지급능력이나 부채상환능력은 기업의 현금동원능력에 의존하기 때문에 주주·채권자 등의 회계정보이용자들은 기업의 현금흐름에 대하여 관심을 집중시키고 있다. 기업에 따라서는 상당한 수준의 당기순이익을 계상하고 있음에도 불구하고 자금부족으로 주주나 채권자에게 배당금이나 부채의 원리금을 정해진 시점에 지급하지 못하여 어려움을 겪는 경우도 있으며, 심한 경우에는 흑자도산을 하는 경우도 있다.

이러한 이유는 대차대조표와 손익계산서의 여러 항목 중에서 발생기준(accrual basis)에 의하여 측정되고, 또한 이들 항목 등 많은 것들이 인위적인 배분(유형자산의 감소)이나 추정(대손추정, 재고자산 원가 흐름의 가정 등)에 보고되기 때문이다.

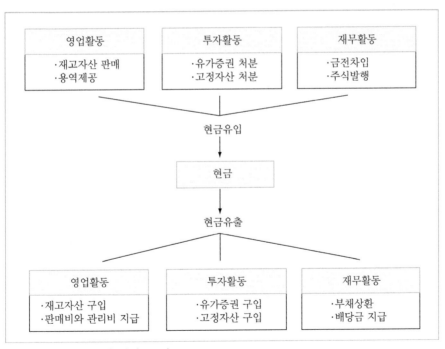

자료: 윤주석, 재무제표의 이해, 두남, 2004, p. 86.

[활동별 현금흐름표]

1) 현금의 개념

현금등가물은 통화 및 타인발행수표 등 통화대용증권과 당좌예금, 보통예금 및 현금 및 현금등가물을 말한다. 이 경우 현금등가물이라 함은 큰 거래비용 없이 현금으로 전환하기 용이하고 이자율 변동에 따른 가치변동의 위험이 중요하지 않은 유가증권 및 단기금융상품으로서 취득 당시 만기(또는 상환일) 3개월 이내에 도래하는 것을 말한다. 즉 현금(통화 및 타인발행수표, 당좌예금, 보통예금)과 현금등가물(유가증권, 정기예금, 정기적금, 사용이 제한된 예금 및 기타 정형화된 단기금융상품 등으로 3개월 이내의 만기도래분)의 합계가 현금흐름표의 현금을 구성하게 된다. 그리고 현금등가물은 다음의 조건을 충족해야만 한다.

첫째, 큰 거래비용 없이 현금으로의 전환이 용이해야 한다.
둘째, 이자율변동에 따른 가치변동의 위험이 중요하지 않아야 한다.

$$순현금흐름표 = 현금유입 - 현금유출$$

2. 현금흐름의 구분

1) 현금의 유입과 유출

현금의 유입(cash inflow)은 현금의 원천(sources of cash)이며 수익, 자산의 처분, 부채의 조달, 소유자 지분의 증가를 통하여 나타난다.
현금의 유출(cash outflow)은 현금의 운용 또는 사용(uses of cash)이며 비용, 자산의 취득, 부채의 상환, 자본의 감소 등이 있다.

2) 영업활동으로 인한 현금흐름

영업활동으로 인한 현금유입액에는 식음료상품 판매에 따른 현금유입(외상매출금과 받을 어음의 회수 포함), 이자수익, 배당수익, 기타 투자활동과 재무활동에 속하지 않는 거래에서 발생된 현금유입이 필요하다.

　영업활동으로 인한 현금유출에는 식음료상품 등의 구입에 따른 종업원에 대한 현금지출, 이자비용, 법인세의 지급, 기타 투자활동과 재무활동에 속하지 않는 거래에서 발생된 현금유출이 포함된다.

사례 1

Ⅰ. 영업활동으로 인한 현금흐름

1. 현금유입

　1) 제품 등의 판매(매출채권의 회수 포함)

　2) 이자수익과 배당금수익

　3) 기타 투자와 재무활동에 속하지 아니하는 거래에서 발생된 현금
　　유입

2. 현금유출

　1) 원재료, 상품 등의 구입(외상매입금과 지급어음의 결제 포함)

　2) 기타 상품과 용역의 공급자와 종업원에 대한 현금지출

　3) 이자비용, 법인세비용(유형자산의 처분에 따른 특별부가세 제외)의 지급

　4) 세금과공과의 지급

　5) 이자비용

　6) 기타 투자활동과 재무활동에 속하지 아니하는 거래에서 발생된 현금
　　유출액

직접법	간접법
영업활동으로 인한 현금흐름 1. 매출 등 수익활동으로부터의 유입액 2. 매입 및 종업원에 대한 유출액 3. 이자수익의 유입액 4. 배당금수익의 유입액 5. 이자비용 유출액 6. 법인세 등 유출액	영업활동으로 인한 현금흐름 1. 당기순이익(손실) 2. 현금유출이 없는 비용 등 가산 3. 현금유입이 없는 수익 등 차감 4. 영업활동으로 인한 자산·부채의 변동

3) 투자활동으로 인한 현금흐름

투자활동이란 현금의 대여와 회수활동, 유가증권(현금등가물로 분류된 것은 제외)·투자자산·유형자산 및 무형자산의 취득과 처분활동 등을 말한다.

사례 2

Ⅱ. 투자활동으로 인한 현금흐름

1. 현금유입

1) 대여금의 회수

2) 유가증권(현금성자산 제외)·투자자산·유형자산·무형자산 및 기타 비유동자산의 처분

3) 장기성 예금의 감소

2. 현금유출

1) 현금의 대여

2) 유가증권(현금성자산 제외)·투자자산·유형자산·무형자산 및 기타 비유동자산의 취득

3) 연구개발비 지급

---

4) 재무활동으로 인한 현금흐름

현금의 차입 및 상환, 사채 및 신주발행이나 배당금의 지급활동 등과 같이 부채 및 자본예정에 영향을 미치는 거래를 말한다.

사례 3

Ⅲ. 재무활동으로 인한 현금흐름

1. 현금유입

   1) 현금유입
   2) 어음·사채의 발행
   3) 주식의 발행
   4) 단기차입금의 차입

2. 현금유출

   1) 배당금의 지급
   2) 유상증자
   3) 자기주식의 취득
   4) 차입금의 상환

재무활동으로 인한 현금의 유입액은 부채와 자본의 증가거래로 발생한 현금유입액으로 다음과 같이 분류한다.

① 유동부채의 증가: 당좌차월의 발생, 미지급금의 발행, 단기차입금의 차입 등
② 고정부채의 증가: 사채의 발행, 전환사채의 발행, 장기차입금의 차입, 장기미지급금의 발생 등

③ 자본의 증가: 보통주의 발행, 우선주의 발행, 자기자본의 처분

재무활동으로 인한 현금의 유출액은 부채와 자본의 감소거래로 발생한 현금의 유출액으로 다음과 같이 분류한다.

① 유도부채의 감소: 당좌차월의 상환, 미지급금의 상환, 단기차입금의 상환 등
② 고정부채의 감소: 사채의 상환, 전환사채의 상환, 장기차입금의 상환, 장기미 지급금의 상환, 자산취득, 미지급금의 상환 등
③ 자본의 감소: 유상증자, 자기주식의 취득, 배당금의 지급 등

3. 현금흐름표의 양식

현금흐름표를 작성하는 방법에는 직접법과 간접법이 있다.

1) 직접법

직접법이란 영업활동에서 현금을 수반하여 발생한 수익 또는 비용항목을 총액으로 표시하되 현금유입액은 원천별로, 현금유출액은 용도별로 분류하여 표시하는 방법을 말한다.

2) 간접법

간접법이란 손익계산서상의 당기순이익(손실)에 현금의 유출이 없는 비용 등을 가산하고, 현금의 유입이 없는 수익 등을 차감하여 영업활동으로 인한 자산, 부채의 변동(증가액)을 가감하여 표시하는 방법을 말한다.

현금흐름표(직접법)

갑을 외식기업 2014. 1. 1 ~ 2014. 12. 31　　　　　　　　　　　　(단위 : 원)

과 목	금 액
Ⅰ. 영업활동으로 인한 현금흐름	34,600
가. 매출 등 수입활동으로 인한 유입액	87,000
나. 매입 및 종업원에 대한 유출액	(43,000)
다. 이자비용 및 유출액	(5,650)
라. 법인세비용 유출액	(3,750)
Ⅱ. 투자활동으로 인한 현금흐름	450
1. 투자활동으로 인한 현금유입액	9,500
가. 비품의 처분	9,500
2. 투자활동으로 인한 현금유출액	(9,500)
가. 현금의 단기대여	5,600
나. 비품의 획득	3,450
Ⅲ. 재무활동으로 인한 현금흐름	3,800
1. 재무활동으로 인한 현금유입액	8,500
가. 장기차입금 차입	3,600
나. 보통주의 발행	4,900
2. 재무활동으로 인한 현금유출액	(4,700)
가. 단기차입금의 상환	3,500
나. 배당금의 지급	1,200
Ⅳ. 현금의 증가(Ⅰ+Ⅱ+Ⅲ)	38,850
Ⅴ. 기초의 현금	48,000(가정)
Ⅵ. 기말의 현금	86,850

4. 주석사항의 표시

현금흐름표의 작성과 관련하여 다음의 사항을 기재하여야 한다(기업회계기준 제89조 제2항).

1) 현금의 유입과 유출이 없는 거래 중 중요한 내용

기업활동의 상당한 부분은 현금흐름을 수반하지 않고 일어난다. 즉 유형자산의 연불구입, 현물출자로 인한 유형자산의 취득 등은 기업의 재무상태에 주는 영향이 중대함에도 불구하고 현금흐름을 수반하지 않는 거래이므로 현금흐름표의 작성에서 제외되어 중요한 정보가 누락된다.

이에 따라 다음에 제시되는 사항들은 현금흐름을 수반하지 않으나 기업의 재무상태에 영향을 주는 중요한 정보이므로 현금흐름표의 주석으로 기재하여야 한다.

① 현물출자로 인한 유형자산의 취득
② 유형자산의 연불구입
③ 자산재평가
④ 무상증자
⑤ 주식배당
⑥ 무상감자
⑦ 전환사채의 전환

2) 당기순이익과 당기순이익에 가감한 항목

직접법에 의하여 현금흐름표를 작성하는 경우에는 당기순이익과 당기순이익에 가감할 항목에 관한 사항을 주석으로 기재하여야 한다.

5. 현금흐름표의 유용성

현금흐름표는 일정기간의 현금유입과 현금유출액에 대한 정보를 기업의 활동별로 구분하여 정보이용자들에게 제공하여 준다. 즉 기업의 영업활동·투자활동·재무활동에 따른 현금의 유입과 유출에 대한 구체적인 정보를 제공한다.

① 기업의 미래현금흐름 창출능력을 평가할 수 있다.

② 기업의 부채상환능력, 배당지급능력, 외부자금조달의 필요성에 대한 평가를 할 수 있다.

③ 당기순이익과 영업활동으로 인한 현금흐름 사이의 차이에 대한 근거를 제시할 수 있다.

④ 회계기간 동안 기업의 현금 및 비현금 투자와 재무활동이 재무상태에 미치는 영향을 평가할 수 있다.

이와 같은 현금흐름표의 유용성은 기존의 대차대조표나 손익계산서가 제시하지 못하는 추가정보를 제시하게 된다. 당기순이익에 현금흐름의 순변동을 파악하는 것은 기업 평가에 있어서 많은 유용성을 제공할 것이다.

6. 현금흐름표 작성 시 고려사항

1) 총액주의

현금흐름의 작성과 관련하여 기업회계기준에서는 현금의 유입과 유출에 대하여 기중증가 또는 기중감소를 상계하지 아니하고 각각 총액으로 기재한다고 규정하여 총액기재를 원칙으로 하고 있다. 총액기준에 의한 작성은 순액기준에 의한 방법보다 목적 적합한 정보를 제공할 수 있다.

2) 발행가액주의

현금흐름표의 작성 시 사채발행 또는 주식발행으로 인한 현금유입액은 발행가액으로 기재한다. 예를 들면 액면 5,000원의 사채 100매를 4,500원에 할인 발행하였다면 재무활동으로 인한 현금유입란에 사채의 발행이라는 과목으로 하여 발행가격 450,000원을 기재한다.

한편 자산·부채의 처분가액 또는 상환가액이 그 장부가액과 다른 경우에도 역시 처분가액 또는 상환가액으로 기재한다.

3) 현금흐름표 작성 시 필요한 자료

① 비교대차대조표: 자산·부채·자본계정의 기초와 기말금액에 관한 정보를 제공한다.

② 손익계산서: 기중 영업활동을 통하여 유입·유출된 현금흐름정보를 제공한다.

③ 이익잉여금처분계산서(결손금처리계산서): 이익잉여금처분서 또는 결손금처리계산서는 배당금의 지급 등 이익잉여금 또는 결손금의 처리에 따른 현금의 흐름정보를 제공한다.

④ 기타 회계자료: 기중의 현금유입과 유출에 관련된 사항을 제공하는 데 필요한 기타 자료이다.

7. 현금흐름표의 작성절차

첫째, 현금흐름의 변동금액을 계산한다. 기초현금과 기말현금 사이의 순변동액은 비교대차대조표를 통하여 쉽게 계산된다.

둘째, 영업활동으로 인한 현금흐름을 계산한다. 이 단계에서는 직접법과 간접법이 사용될 수 있는데, 비교대차대조표 이외에도 기중거래를 분석하기 위하여 손익계산서와 기타의 추가적 자료가 이용된다.

셋째, 투자활동 및 재무활동으로 인한 현금흐름을 각각 계산한다. 비교대차대조표에서 투자나 재무활동과 관련된 항목의 기중변동액을 계산하고 이것이 현금흐름에 미친 영향의 내역을 분석한다. 이 단계에서는 직접법과 간접법이 모두 동일한 과정을 거쳐 계산된다.

부록

STORE REQUISITION
(GENERAL,
ENGINEERING)

121729

DEPARTMENT: _____   DATE: _____

| REQUESTED | | DESCRIPTION | CODE | ISSUED | | COST | |
QTY	UNIT			QTY	UNIT	UNIT	TOTAL
						TOTAL	

ORDERED BY	APPROVED BY	ISSUED BY	RECEIVED BY	FILED BY

1COPY : COST CONTROL, 2COPY : OUTLET

283

INTER-KITCHEN
TRANSFER SHEET

FUNCTION NO: _____

FROM: _____   TO: _____   DATE: _____

DESCRIPTION	SIZE	CODE	TRANSFER		COST	
			Q'TY	UNIT	UNIT	TOTAL
					TOTAL	

ISSUED BY	RECEIVED BY	EXECUTIVE CHEF	COST CONTROLLER	CODE	FROM	TO
				ACCOUNT		
				DEPT.		

1COPY : COST CONTROL, 2COPY : OUTLET

OUTGOING RECORD

NO: 0002090

Date:

Request is hereby made to take the following items out of the hotel:

Purpose	Items Are:

To be taken out on:
- [ ] To be returned on:
- [ ] Not to be returned

Items	Unit	Quantity	Actual Return	
			Quantity	Date

Take Out

Issued by:	Checked by:	Received by:
Request Department Head	Receiving Supervisor	Person to take out

Returns

Received by:	Checked by:	Checked by:
Request Department Head	Receiving Supervisor	Accounting/Cost Control

RECEIVING

URGENT
DAILY FOOD
ORDER SHEET

Department : _____   Date : _____

CODE NO	DESCRIPTION	Q'TY	SUPPLIER	UNIT PRICE

_____   _____   _____
Requesting Kitchen   Executive Chef   Purchasing Manager

PURCHASING DEPT

FOOD & BEVERAGE BREAKAGE
AND SPOILAGE REPORT

N⁰ 002312

DEPARTMENT:

DATE:

DESCRIPTION	SIZE	UNIT	Q'TY	UNIT COST	TOTAL COST
				TOTAL	

REASON:

_____
E.A.M   F/B

_____
F/B COST CONTROLLER

OUTLET

_____
BEVERAGE MANAGER/
EXECUTIVE CHEF

8912.080

BEVERAGE REQUISITION
(TO KITCHEN)

004003

DEPARTMENT:

DATE:

REQUESTED		DESCRIPTION	CODE	ISSUED		COST	
Q'TY	UNIT			Q'TY	UNIT	UNIT	TOTAL
							TOTAL

ORDERED BY	APPROVED BY	ISSUED BY	RECEIVED BY	COST CONTROLLER

1COPY : COST CONTROL, 2COPY : STORE ROOM, 3COPY : OUTLET

FOOD STORE REQUISITION

Order Date:

OUTLET :

Code	Qty	Unit	Description
			Dry Store - Section A
1551111		pkg	Pepper White(후추 흰)
1564313		kgm	Rice (C) Sabru
1535916		can	Tomato Whole Italian
1535841		can	Tomato Paste #10
1535331		can	Corn Sweet #10
1615151		can	Ketchup #10
1528135		can	Oil Sesame
1512855		kgm	Sesame Seed White Rusks(참깨 흰색)
			Dry Store - Section B
1564323		can	Juice Tomato
1564161		can	Juice Pineapple
1543171		can	Juice Apple 100% Local
1564315		can	Juice Mango
1564129		can	Juice Grapefruit Ruby Red
1564155		can	Juice Orange
1564311		can	Juice Cranberry
1535122		pkg	Mushroom-Can Slice
1531512		can	Mandarine Orange Local
1531637		can	Pineapple Sliced
1535211		can	Mushroom-Can Whole #10
1535212		can	Bamboo Shoots Slice
1535313			
			Dry Store - Section C
1548173		can	Pie Filling Blueberry
1548191		btl	Topping Kiwi
1531172		btl	Peach Halves
1543171		can	Raspberry
1543141		can	Taoping Chocolate
1562616		bag	Corn Starch
			Dry Store - Section D
1527215		box	Port James-Bonne Mama
1534347		box	Mix-Nut
1535723		can	Pickle Dill #10
1518133		can	Chicken Stock
1985111		box	Liver Dried (A) Pack #10
1985126		box	Liver Dried W/Salt
1551343		box	Green Sweet Sugar
1534433		box	Peach Nuts-Halves
1551340		pkg	Sugar-Equal 1000 sachet
1572312		pkg	Noodle Glass
			Dry Store - Section E
1572198		pkg	Sugar White
1572191		pkg	Noodle Penne Rigate
1572205		kgm	Noodle Rigatoni
1534425			M&M's Peanut
1542116		ea	Snickers Cruncher
1534345		ea	Macadamia
1534341			Mix Nut - melrac
1572261			Noodle Spaghetti (N 12)
1572211			Noodle Linguine (N 7)
1972131			Macaroni
1527122			Spaghetti
1573119			Zoc Cracker
1573196			Noodle Tagliatelle
1574222			Potato Chip
1535862			Pepper Pickled
1527497			Btl Jam Honey
			Dry Store - Section F
1571151		pkg	Oat Meal
1571121		pkg	Corn Flakes
1571132		pkg	Bran Mx Flakes
1571124		pkg	Almond Flakes
1571194		pkg	Cocoa Pops
1521803		pkg	Corn Frost
1571203		pkg	AllBran Plus
1562156		pkg	Tea Green
1562271		pkg	Tea Tendril Bags
1511411		bag	Beet Soup Base
			Dry Store - Section G
1562145		pkg	Tea Ginseng Bags
1561212		pkg	Coffee Sanka Portion
1562723		pkg	Tea Dejeeling
1562231		pkg	Tea English Breakfast
1562711		pkg	Tea Earl Grey
1561243		pkg	Cream Coffee Powdered
1412272		pkg	Cream Coffee Tasters Choice
1562177		pkg	Tea Lipton Bag Yellow
1565511		pkg	Coffee Piazza D'
1516222		pkg	Coffee Decaffeinato Ground
1527169		pkg	Port Jam Strawberry
1527162		box	Port Jam Orange
1527153		box	Port Jam Danish
1527152		box	Port Jam Cherry Black
1562152		pkg	Tea Green
1549111		pkg	Baking Powder
			Dry Store - Section H
1525341		can	Corn Sweet Baby
1535642		can	Pepper Corn Green
1581311		can	Snail Meat Can
1535522		can	Olive Black Ripe #300
1531341		bag	Cherry Red Maraschino
1583111		can	Anchovy Fillet Can
1514111		bag	A-1 Sauce
1532165		can	Raisin Seedless #10
1535111		can	Artichoke Heart #10
1535222		can	Baked Beans Local
1514912		can	Worcestershire Sauce
1535061		can	Onion Cocktail
1626151		pkg	Katsuo-Bushi Local
1411231		can	Milk Coconut
			Dry Store - Section I
1622115			Soy Sauce Kikoman (깃쿄만)
1583142			Tuna Can
1535312			Caper Local
1516292			Vinegar Balsamico 6Y
1534421			Peanut Salted
1514121			Syrup Maple
1527521			Apple Mint Jelly #10
1525117			Extra Vergine di Olive
1512811			Salt Table Hanju
1528119			Oil Olive Pure
1515321			Mustard Maura Pommery
1515313			Mustard Dijon
1535543			Olive Green Stuffed
1515111			Ketchup Btl
1511111			Accent
1512241			Pepper Red Dried Ground
1514812			Tabasco Sauce (Local)
1515332			Mustard Prepared
1514641			Hot Sauce
1514221			Chili Sauce
			Dry Store - Section J
1562718		box	Pickwick Earl Grey Tea
1561127		box	Moccona Instant Coffee
1561131		box	Nescafe Decaffein Coffee
1518121		box	Beef Stock
1412125		pkg	Cream Coffee Powdered Portion
1613841		can	Paprika Ground Danish
1512111		can	Oligano Ground
1512224		pkg	Pepper Black Ground(Import)
1512235		can	Pepper White Ground
			Dry Store - Section K
1512813		btl	Parsley Flakes
1512232			Cardamon Seed Whole (카다멈)
1511334			Cinnamon Ground (S)
1591397			Coriander Ground
1511811			Mace Ground (메이스)
1511825			Cardamon Seed Ground (카다멈)
1511515			Dill Tips
1511382			Curry Powder
1512232			Pepper White Whole
1512222			Pepper Black Whole
1512721			Turmeric Ground
1612511			Saffron Whole
1511221			Basil Sweet Whole (바질)
1512415			Rosemary Leaves (로즈마리)
1512242			Pickling Spice
1514241			Cajun Seasoning
1512711			Thyme Whole (타임)
1511911			Nutmeg Ground
1511821			Marjoram Whole
1511231			Bay Leave Whole (월계수잎)
1562114			Chocolate-Kama Premium Black (카마)
1574328			Candy
1511221			Coffee Whole-Piazza(Forza)
1561115			Coffee Whole-Piazza(Forza)
1551321			Sugar Brown (설탕-브라운)
1551311			Port Sugar White (설탕 흰)
1516125			Soy Sauce Local Old (조선간장)
1562132			Flour Soft (밀가루)
1516221			Vinegar Local (식초)
1527311			Syrup Corn (콘시럽)
1512333			Pepper Paste Glutinous (고추장)
1528121			Oil Soy Import (콩기름)
1515211			Mayonnaise
			Frozen Store
1421414		kgm	Butter Portion Import
1591311		box	Coffee Liquid Douwe Egberts(더우)
1533325		btl	Potato Hash Brown F.Z
1323123		box	Bean Green Fine Frozen
1323191		box	Pea Green Frozen
1321128		box	Potato French Fried
1324132		box	Broccoli Frozen
1549938		box	Lemon C.Cheese Pillow A Beer Crm
1549943		box	Apple Lattice Channon Roll (DCPA)
1549941		box	Butter Almond Bear Claw (DRALB)
1549937		box	Butter Raspberry Leaf(DRRSL)
1549933		box	Butter Maple Walnut Cornish(DRMC)
1549928		box	Butter Coconut Cream Pocket(DHC)
1549935		box	Butter Raisin' Custard Roll(CRRCR)
1549960		box	Butter Croissant(DCR45)
1413851		btl	L.Cream(N.Zealand Natural 리.큰)
1312147		box	Guacamole(Avocado) Fz
1323414		pkg	Shaomai Green-30pc/Box
1519343		box	Mushroom Sihaomai(쇼마이) 30g
1519424		box	Crabsprawn Shoamai
			Refrigerator Store
1441115		ea	Egg Whole W/Shell
1411116		ea	Milk Fresh Low Fat
1564166		pkg	Juice Orange cold
1411111		pkg	Milk Fresh-Lj
1412121		pkg	Cream Freshl
1412121		pkg	Cream Coffee Fresh
1421413		pkg	Butter Block
1433151		pkg	Cheese Cream
1562133		btl	Caviar Sevruga Russian
1591119		pkg	Caviar Oil Goose Liver
1536574		pkg	Truffle Peris 1st Choice
1536575		pkg	Brasried Truffle 1st Choice
1551120		pkg	Block Goose Liver W/T
1431131		pkg	Cheese Parmesan Wheel or Port
1433177		pkg	Cheese Pizza Whole
1433175		pkg	Cheese Pizza Sliced (조각치즈)
1534513		kgm	Walnut Peeled (호두알)
1592112		pkg	Apricot Dried (건살구)
1564193		btl	Juice Jujube (대추)
1433127		pkg	Cheese Brie W/net(브리치즈)
1433130		pkg	Cheese Edam Portion
1433509		pkg	Cheese Gouda Portion
1432130		pkg	Cheese Mild Cheddar
1433613		pkg	Cheese American
1434111		pkg	Cheese Emmentaler Block
1433113		kgm	Cheese Gruyere Block
1421123		pkg	Cheese Cammembert-Devue
1433140		pc	Cheese Brie
1433135		kgm	Salami Genova
1192314		kgm	Parma Ham Prosciutto Crudo
1190343		pkg	Butter Peanut Local
1433116		pkg	Adzuki Bean Sediment Red(팥) 130g
1591511		pkg	Adzuki Bean Sediment Red(팥) 130g
1416113		btl	Yoghurt Natural
1412131		pkg	Cream Sour(사워크림)
1416312		pkg	Yoghurt Box(요구르트 박스)
1514415		pkg	Horseradish

Last Code Update : Mar-07-2007

| Ordered by | Approved by | Issued by | Received by | Cost Controller |

Market List

Code	Description	Unit	Qty
00000	[MEAT]		
11118	Beef Short Loin "T-Bone"	kgm	
11243	Beef Shank Boneless (우사태)	kgm	
13153	Aus Beef Round Slice(홍두깨살)	kgm	
21111	Pork Loin Bone-In (뼈등심)	kgm	
21132	Pork Round Boneless (뒷다리살)	kgm	
21143	Pork Belly Boneless(삼겹W/Skin)	kgm	
21145	Pork Belly Boneless(삼겹-수입)	kgm	
31153	Pork Black Rib	kgm	
31171	Pork Neck (목살)	kgm	
31121	Chicken Whole (생닭)	ea	
31131	Chicken Breast (닭가슴살)	kgm	
31157	Chicken Drumstick(닭다리)	kgm	
31171	Chicken Bone(닭뼈)	kgm	
2121	Duck Breast	kgm	
32151	Duck Leg W/Bone In	kgm	

Code	Description	Unit	Qty
1240000	[OTHER SEA FOOD]		
1242131	Beef Sea Urchin(우니-성게알)	pkg	
1243123	Kawari Salted Refined(젓갈)	btl	

Code	Description	Unit	Qty
1310000	[FRUITS]		
1311124	Apple Fuji-S (사과후지-S/6~0)	kgm	
1311222	Avocado Import(아보카도)	kgm	
1311231	Banana(바나나)	kgm	
1311322	Grape Brown Big(포도갈색)	kgm	
1311381	Grapefruit (자몽)	ea	
1311421	Kiwi Import(키위-수입)	kgm	
1311431	Lemon (레몬)	kgm	
1311451	Mandarine (귤)	kgm	
1311540	Musk Melon(머스크멜론)	ea	
1311591	Melon Water (수박)	kgm	
1311671	Orange (오렌지)	kgm	
1311711	Peach (복숭아)	kgm	
1311721	Pineapple (파인애플)	kgm	
1311741	Strawberry(딸기)	kgm	
1311761	Pomecranate(석류)	ea	

Code	Description	Unit	Qty

Last Code Update : Sep-07-2006

Prepared by _____ Approved by _____

참고문헌

강무근·조하용·우문호(2001), 관광외식원가관리, 효일.

김기명·윤금상(2004), 최신원가회계, 두남.

김기영(2007), 호텔·외식산업 주방관리실무론, 백산출판사.

김대근·이기호(2001), 원가관리회계원리, 무역경영사.

김동승(2002), 최신식품구매론, 효일.

김성기(2001), 원가관리회계의 기초, 경문사.

김성기(2003), 현대원가회계, 경문사.

김성기(2004), 현대원가·관리회계, 다산출판사.

김성기·안숙찬(2001), 원가관리회계의 기초.

김철중(2004), 재무분석, 한국금융연수원.

김태웅(2001), 생산·운영관리의 이해, 신영사.

김희탁 외(2000), 생산관리, 법문사.

나정기(2006), 식음료원가관리이해, 백산출판사.

노덕환·이현상(2005), 재무분석론, 박영사.

박대규(1999), 원가관리회계, 세학사.

박대환·공기열(2007), 호텔외식구매관리론, 기문사.

박정숙(2006), 식품구매론, 효일.

송동섭·방종덕(1999), 회계입문, 한올출판사.

신성식(2003), 원가관리회계, 한올출판사.

신창국·조현순(2003), 호텔회계원리, 형설출판사.

안병길·김종호 외(2004), 회계원리입문, 두남.

윤금상·진대현 외(2004), 회계원리이해, 두남.

윤재홍·김원복 외(2003), 생산계획 및 재고관리, 형설출판사.

윤주석(2004), 재무제표의 이해, 두남.

이방원(2006), 재무회계입문, 무역경영사.

이순용(2005), 생산관리론, 법문사.

이정자(2002), 호텔식음료원가관리, 형설출판사.

이정호(2002), 회계원리, 경문사.

이진영·김현호 외(2004), 식품구매론, 효일.

전병길·김영훈 외(2006), 식음료원가관리실무, 한올출판사.

정재권·백대기(2003), 원가회계, 두남.

정현웅·정병표(2002), 호텔회계, 두남.

정호권(2004), 최신호텔구매경영론, 한올출판사.

조동훈(2004), 호텔회계관리, 한올출판사.

진양호·강종헌(2000), 호텔&외식산업 원가관리론, 지구문화사.

홍기운(2001), 식품구매론, 대왕사.

홍기운·진양호·김장익(2001), 최신식품구매론, 대왕사.

황동섭(2003), 알기쉬운 재무관리, 한올출판사.

▌저자소개

김동수

경기대학교 관광대학원 외식산업경영학과 관광학석사
경기대학교 관광대학원 외식산업경영학과 관광학박사
전) 인터컨티넨탈호텔, 신라호텔, 현대호텔 조리팀장 등 20년 경력
　　외식경영지도사(2010)
　　프랜차이즈 슈퍼바이저(2011)
　　ISO 9000, 14000, 22000 심사원
　　조리기능장(2002)
　　한국외식산업경영학회 회장
현) 가톨릭관동대학교 조리외식경영학과 교수

송기옥

경기대학교 관광대학원 외식산업경영학과 관광학석사
경기대학교 관광대학원 외식산업경영학과 관광학박사
전) 서울하얏트호텔, 스위스그랜드호텔, 리츠칼튼호텔, JW메리어트호텔
　　서울 기능요리대회 은메달 수상, 전국 기능요리대회 장려상 수상
　　농림부 식품컨설팅 전문위원, 한국외식경영학회 부회장
　　한국조리학회 학술이사, 한국호텔리조트학회 상임이사
　　조리기능장
현) 청운대학교 호텔조리식당경영학과 교수

왕철주

호남대학교 일반대학원 호텔경영학과 석사
가톨릭관동대학교 일반대학원 호텔조리외식경영학과 박사
전) 인터컨티넨탈호텔 조리부 근무
　　조리기능장(2010년), 우수숙련기술자 선정(2015년)
　　조리명인(2013년), 제17회 한국국제요리 경연대회 문화체육관광부장관상(2016)
　　대통령표창(2015년)
현) 그랜드컨벤션 조리부 수석이사

저자와의
합의하에
인지첩부
생략

식음료원가관리론

2012년 1월 15일 초　판 1쇄 발행
2023년 1월 20일 개정3판 3쇄 발행

지은이 김동수 · 송기옥 · 왕철주
펴낸이 진욱상
펴낸곳 백산출판사
교　정 편집부
본문디자인 오행복
표지디자인 오정은

등　록 1974년 1월 9일 제406-1974-000001호
주　소 경기도 파주시 회동길 370(백산빌딩 3층)
전　화 02-914-1621(代)
팩　스 031-955-9911
이메일 edit@ibaeksan.kr
홈페이지 www.ibaeksan.kr

ISBN 979-11-5763-904-5　93590
값 23,000원